U0263435

中国科普作家协会原理事长、
中国科学院院士刘嘉麒作序推荐

科学的故事丛书
THE STORY OF SCIENCE

徜徉科学世界，汲取自然灵气，浓缩历史精华。
让阅读，与众不同。

The Story of Mathematics

数学的故事

杨天林 / 著

郭园园 / 审订

科学出版社

北京

图书在版编目（CIP）数据

数学的故事 / 杨天林著. —北京：科学出版社，2018.4
（科学的故事丛书）
ISBN 978-7-03-053743-0

Ⅰ．①数…　Ⅱ．①杨…　Ⅲ．①数学–普及读物　Ⅳ．①O1–49

中国版本图书馆 CIP 数据核字（2017）第 138748 号

丛书策划：侯俊琳
责任编辑：朱萍萍　程　凤 / 责任校对：何艳萍
责任印制：吴兆东 / 插图绘制：郭　警
封面设计：有道文化

编辑部电话：010-64035853
E-mail：houjunlin@mail.sciencep.com

科 学 出 版 社 出版
北京东黄城根北街 16 号
邮政编码：100717
http://www.sciencep.com
天津市新科印刷有限公司印刷
科学出版社发行　各地新华书店经销
*
2018 年 4 月第 一 版　开本：720×1000 1/16
2025 年 1 月第四次印刷　印张：14 1/2
字数：195 000
定价：**48.00** 元
（如有印装质量问题，我社负责调换）

总　序
科学中有故事·故事中有科学

人类来源于自然，其生存和发展史就是一部了解自然、适应自然、依赖自然、与自然和谐共处的历史。自然无限广阔、无限悠长，充满着无数奥秘，令人类不断地探索和认知。从平日的生活常识，到升天入地探索宇宙的神功，无时无地不涉猎科学知识，无事无物不与科学密切相关。人类生活在一个广袤的科学世界里，时时刻刻都要接受科学的洗礼和熏陶。对科学了解的越多，人类才能越发达、越进步。

由杨天林教授撰著的"科学的故事丛书"，紧密结合数学、物理、化学、天文、地理、生物等有关知识，以充满情趣的语言，向广大读者讲述了一系列富有知识性和趣味性的故事。故事中有科学，科学中有故事。丛书跨越了不同文化领域和不同历史时空，在自然、科学与文学之间架起了一座桥梁，为读者展现了一个五彩缤纷的世界，能有效地与读者进行心灵的沟通，对于科学爱好者欣赏文学、文学爱好者感悟科学都有很大的感染力，是奉献给读者的精神大餐。

科学既奥妙，又充满着韵味和情趣。作者尝试着通过一种结构清晰、易于理解的方式，将科学的严谨和读者易于感知的心灵联系起来。书中的系列故事和描述引领读者走向科学的源头，在源头和溪流深处追忆陈年往事，把握科学发展的线索，感知科学家鲜为人知的故事和逸闻趣事。这套书让读者在阅读中尽情体会历史上伟大科学家探索自然奥秘的幸福和艰辛，可以唤起广大读者，特别是青少年朋友对科学的兴趣，并在他们心中播下热爱科学的种子。

科学出版社组织写作和出版这套丛书，对普及科学知识，提高民众的科学素质无疑会发挥积极作用。我期待这套丛书早日与读者见面。

中国科普作家协会原理事长
中国科学院院士

2018 年 1 月

前　言

　　科学的源头在哪里？科学是如何发展起来的？在人类社会的发展和变革中，科学曾经产生了怎样的影响？我们对宇观世界的认识、对宏观世界的认识、对微观世界的认识是如何得来的？

　　翻开"科学的故事丛书"，你一定能找到属于自己的答案。

　　作者在容量有限的篇幅中，将有关基础知识、理论和概念融合成一体，在一些领域也涉及前沿学科的基本思想。阅读"科学的故事丛书"，有助于读者从中了解自然演变和科学发展的真实过程，了解散落在历史尘埃里的科学人生及众多科学家的人文情怀，了解科学发展的线索，了解宇宙由来及生命演化的奥秘。借此体验科学本身的魅力，以及它曾结合在文化溪流中、又散发出来的浓烈异香。

　　本套丛书中，有古今中外著名科学家的趣闻轶事，有科学的发展轨迹，有自然演化和生命进化的朦胧痕迹，有发现和创造的艰难历程，也有沐浴阳光的成功喜悦。丛书拟为读者开辟一条新路径，旨在换个角度看科学。我们将置身于科学精神的溪流中，潺潺而过的是饱含科学韵味的清新语言，仿佛是深巷里的陈年老酒，令人着迷甚至痴醉。希望读者能够通过阅读启发心智、培养情趣、走进神圣自然、感知科学经典。

　　英国著名历史学家汤因比（Arnold Joseph Toynbee）曾说："一

个学者的毕生事业，就是要把他那桶水添加到其他学者无数桶水汇成的日益增长的知识的河流中。"本套丛书就是一条集合前人学者科学智慧的小溪，正迫不及待地汇入知识河流中，希望能够为不同学科、不同领域间的沟通和交流起到媒介、引导作用，也期望更多对自然科学感兴趣的爱好者能够在阅读中体验到一份来自专业之外的惊喜和享受。

目 录

第一章

数学的起源

　　人类的智慧是从计数开始的。数字的出现就意味着数学的起源。人类文明的历史有多长，数学的发展历程就有多长。

　　当人类在心里将那一连串数字一一记下时，计算就开始孕育了。另外，人类对图形的识别也日益精准，其中人类最熟悉也最偏爱的图形就是圆。

一、从计数开始

在几百万年前，原始人在漫长的生存和生活中，智力不断进化，慢慢产生了"数"的思想。最早与数有关的概念就是"有""无""多""少"之类。

对于原始人来说，除了 1 和 2 这样的数字，更多的数可能难以理解，于是就用"一群"或"一堆"来形容。后来，他们学会了扳着自己的手指头数数。数着数着，他们突然发现手指是可以计数的啊。

那时候，人们过着群居穴处的生活。晚上，他们挤在深而黑的洞窟里或者藏在茂密的林木中；白天，他们成群结队地在荒野里寻找猎物或者采集能够充饥的野果，过着饥一顿、饱一顿的生活。"饥寒交迫"大概是他们最切身的体验。

除了御寒的兽皮、狩猎的木棍、盛水的器皿（那时还没有陶器，使用的多是一些天然的东西），他们几乎没有别的财产，更没有私有财产。这么简单的生活，当然用不到多少数学知识，即使是简单的手指计数也很少用到。

离开山洞，出门在外，整天面对的就是山峰、湖泊、河流、森林、荒漠等。原始人很难在一个地方长久居住下来。森林里的果实总有吃完的时候，飞禽和走兽更是得躲得远远的。如果发生大旱，他们最明智的选择就是"走为上"。他们跟自然界做的都是"一锤子买卖"。在陌生的环境里寻求生存的希望是他们经常温习的功课。

要走路，必须要有方向和路标。最直观的路标就是日月星辰。白天是太阳，晚上是星星和月亮。古代人很早就学会了看天。他们越来越意识到，一些星星总是出现在天空的一定位置，沿着一定的方向缓慢地移动着。

日月星辰不只是人类最早的路标，还是人类最早的时钟。它们能告诉人们，一年的时间、一个月的时间和一天的时间，虽然不是很准确，但比较实用。对于古代人来说，这已经足够了。

一天的时间最直观。当他们迎着东升的旭日走在"上班"的路上时，就是一天的开始；当他们背着猎物、目送夕阳西下走在"回家"的路上时，就是一天的结束。判断一个月的时间要费些事，得依靠月亮。从月亮的阴晴圆缺中判断出一个月的时间可能需要很多年的修炼，而且还得是部落里的那些聪明人才能做到。判断一年的时间更困难一些。那时候，没有人知道地球绕着太阳公转。不过，也有很多自然现象刺激着人类的视觉神经系统。比如，当树木落叶、野草干枯的时候，天气就冷了；当山上的雪消融、草儿发芽的时候，天气就开始转暖。日复一日，久而久之，年的概念就形成了。

一万多年前，随着经验的积累、知识的增长和工具的改进，他们开创了崭新的生活，学会了种植和饲养，变成了农民和牧民。定居生活意味着部落的消失和村庄的形成。财产的丰富对数学提出了更高的要求。他们要计算、分配这些财产，离开了数学怎么能行呢？记录财物和编制日历，促使人们发展书写的数字。

最早的记数符号可能产生于古埃及和美索不达米亚。古埃及人把它们写在一种纸草上，苏美尔人把它们写在泥板上。他们都用单笔画表示个位数，用不同的记号表示十位数和更高位数。后来的古罗马人在一定程度上继承了他们的成果，创造出了罗马数字。汉字数字也是古代中国人智力进化的成果，在甲骨文中，就能找到蛛丝马迹。

二、圆和平的感觉——腓尼基人的体会

腓尼基地域面积虽然不大，但是其历史和文化却可以追溯到公元前 4000 年。腓尼基在地中海东岸、黎巴嫩山西侧，也就是今天的叙利亚沿海一带。大约在公元前 1500 年，腓尼基的海外贸易蓬勃发展起来。许多腓尼基人驾驶着自己的小船穿梭在地中海，在沿途用自己的物品交换其他人的物品，海上贸易的发展成就了腓尼基人航海家和商人这两种身份。

远航和贸易的经历增长了腓尼基人的见识。他们不但运回了有价值的货物，也顺便带回了异域的奇珍异闻、科学和文化。

海上航行还会使他们对地球的感受与众不同。长期在大海里漂泊，水手们都有这样的体验，一年四季，不管是哪一天，在北方港口，中午的太阳总是比南方港口的低一些，桅杆投下的影子也长一些。同一天里，中午，影子在不同地方的长度不同，这就是航海者标记港口位置的最早方法。夜晚向北航行时，他们会发现北极星每晚都会升高一点，而当向南航行时，北极星每晚又会向地平线下落一点。

就在腓尼基文化逐渐衰落之际，地中海沿岸的西西里、克里特、塞浦路斯和古希腊开始崛起。大约在公元前 400 年，古希腊地理学家画的航海图上已经标示出了地中海的海岸线。腓尼基为古希腊的强盛输送了营养，比如说，古希腊文字来源于腓尼基，航海知识就更不用说了。

腓尼基人是最早使用字母文字的民族，他们用数量不多的表示声音的简单符号，代替了大量的表示语言或意思的象形符号，这样的文字系统既简约又方便。公元前 600 年，古希腊人借用腓尼基字母完善了自己的语言文字。现代欧洲各国的拼音文字都有同一个源头，就是腓尼基字母文字。

圆的还是平的?

第二章

在建筑与测量之间
——古埃及的数学

古埃及数学是在解决日常生活问题的过程中产生和发展起来的，其基本特点是实用。例如，土地的测量，谷物和其他食物的计算和分配，贸易和租税上的计量，建筑设计和施工中的测量等。这些构成了古埃及数学的全部内容，既是古埃及数学的起源，也是它们的归宿。

在数学的应用方面，古埃及人成就卓著。不管是完成巨大的建筑和雕塑，还是进行天象观测，都离不开计算。像在其他领域一样，古埃及人也没有对数学进行过理论上的探讨。他们的成就仅仅是经验的积累，还缺乏理论基础，缺乏概括和演绎推理。

一、纸草的历史

非洲东北部有一条举世闻名的大河——尼罗河。尼罗河穿过非洲北部的撒哈拉大沙漠，流入地中海。久而久之，两岸的狭长地带就形成了肥沃的绿洲。河的下游流经的地方，孕育了古埃及文明。

大约在公元前 3500 年前，古埃及人就有了自己的文字。他们的文字主要是象形文字，其中也夹杂着少量的字母，那都是地中海沿岸国家对他们的影响。

尼罗河三角洲一带盛产一种水草——纸草。古埃及人把纸草的茎一层一层地撕成薄片，再一张一张地粘起来，就成了写字用的纸，这就是文献中常提到的纸草纸。它并不是真正的人造纸，但一些用纸草纸写的文书保存到了今天，成为我们考察古埃及历史文化的珍贵材料。

今天，伦敦的大英博物馆里就珍藏着这样的纸草纸手稿，其中有一卷记录的是古埃及最早的算术和几何学历史的文献。把数学知识写在这份纸草纸上的是一个叫阿摩斯（Ahmose）的古埃及学者，他生活的年代约在 3500 年前。

据他说，纸草纸上的内容，是他从公元前 2200 年以前的旧纸草卷上转录下来的。在这份纸草纸手稿上，记载了一些分数和算术四则运算的说明，还有关于测量的规则。纸草纸所记录的内容大致相当于今天小学四年级到五年级的算术水平。

二、计数和算术

古埃及数学知识的发展，首先得益于它拥有一套比较完美的数字符号。早在古埃及第一王朝初期纳尔迈王的权杖头上，就记载了十进位制的大到百万的数字。在古埃及的数字符号中，一个大数字常常要由几十个符号才能写成。这套数字符号，决定了古埃及人的一切算术过程都需要建立在计数的基础上。

古人常常需要借助手或手指来计算。在古埃及语中，"计算"一词便是点头计数的意思。古埃及人的加法是简单的计数，乘法是一种特殊的计数，减法是倒数，而除法则是乘法的逆运算。

对于古埃及人来说，四则运算都可以简化为计数形式。凭着这套特殊的符号和构数方法，四则运算最终得以完成。例如，在他们看来，9 乘以 6 就是 6 个 9 相加；88 除以 11 就是找出几个 11 相加等于 88。平方是乘法的一种特殊形式，平方根是除法的一种。从这几个例子中，不难体会古埃及人数学计算的特点和聪明才智。

三、几何的感觉

古埃及人把国王叫作"法老"，著名的金字塔就是法老的陵墓。今天，在尼罗河三角洲南面，散布着 80 多座金字塔。

古埃及第四王朝法老胡夫的金字塔是其中规模最大的一座。这座金

神奇的金字塔

字塔高 146.59 米, 塔基每面长约 200 余米, 绕塔 1 周约 1000 米。塔内有甬道、石阶、墓室等。

在 1889 年巴黎埃菲尔铁塔建成以前的几千年里, 这座金字塔一直是世界上最高的建筑物。古埃及人在建造这些巨大建筑物的过程中, 积累了丰富的几何学知识。站在金字塔前, 你会想起人类最悠久的往事。即使你穿越历史 2000 年, 你看到的金字塔也落满了尘埃。那些斑驳和沉睡太久的巨石建筑似乎在诉说着古埃及数学的历史。

从金字塔的设计中, 可以看出古埃及人熟谙等腰三角形的性质, 但他们到底会不会求直角三角形的面积, 是否知道勾股定理, 还没有可靠的证据。从科学考古发现的材料来看, 他们似乎懂得这些, 但也仅仅是发现了 $3^2 + 4^2 = 5^2$ 这样的等式而已, 而且没有任何的说明, 也没有任何其他资料能对此做深入的证明和分析。

在计算体积方面, 古埃及人比较先进。他们明白圆柱体的体积等于底面积乘以高。角锥和截角锥是金字塔建筑过程中常见的几何图形, 必须计算有关的工作量和原料问题。求角锥的方法可能是通过模型实验发现的, 即先用块料或泥土造一个角锥, 再用这些材料造一个易于求得体积的立体棱柱, 从而可以得出角锥的体积。

四、尽在图形中

每年收获季节, 古埃及的僧侣都要向农民征收赋税。农民主要是上交自己的农产品和牲畜, 农产品需要用标准重量单位来称量, 牲畜也要数清。捐税的数额由他们拥有的土地多少决定, 这就需要丈量和计算土地面积。这个过程中用到的就是数学。

求面积的方法, 最初很可能是工匠在地面上铺设方砖的时候学会的。他们发现：一块地面，如果是三块砖长、三块砖宽，就需要铺九块砖（3×3）；另一块地面，如果是五块砖长、三块砖宽，就需要铺十五块砖（5×3）。所以，正方形和长方形的面积就是长乘以宽了。

但是，并非所有土地都是正方形或长方形的。有些土地的形状很不规则，但它们可以分割成许多小块，每一小块的面积就比较规则了。除了正方形和长方形，还有一种比较常见的图形——三角形。计算三角形的面积非常重要。其实，一旦掌握了正方形和长方形面积的算法，离求出三角形面积也就不远了。

一块正方形的麻布可以折叠成两个大小相等的三角形，每个三角形的面积恰好是正方形面积的一半。古埃及人正是从这类简单的线索中学会了求直角三角形面积的方法：长乘以宽（即直角三角形两直角边相乘），再除以二。

古埃及人还能计算梯形的面积，以及求立方体、箱体和柱体的体积。尽管如此，古埃及人的天文学和数学并不比美索不达米亚人杰出。

古埃及人当然会碰到"圆"这样的图形。尽管他们经常和圆打交道，但圆的性质神秘莫测，一时半会儿又不好捉摸。所以，他们认为圆是上天赐予他们的神圣图形。

有一天，一个古埃及人用绳子绕木桩的方法"画"出了一个圆。这个埃及人欣喜若狂，扔下绳子和木桩，跑到村子里见人就说自己"画"出了上天赐予的神秘图形。村子里的人不相信，拿着自己的绳子跟着跑了出来。

结果，他们用长绳子"画"出来的圆大，用短绳子"画"出来的圆小。这群古埃及人突然开窍，知道了圆面积的大小是由圆周到圆心的距离决定的。这个距离就是我们现在所说的半径。这真是实践出真知啊。

3500 年前，当金字塔已经成为历史古迹的时候，阿摩斯非常郑重地写下了这样一条法则：圆的面积非常接近于以半径为边的正方形面积的三又七分之一倍。这个古埃及学者太了不起了，因为他近乎发现了 π 的秘密。文献并没有告诉我们阿摩斯是怎样有了这个神奇想法的，他的这一非常经典的求圆面积的方法是历史性的突破。现在，他的纸草纸手稿就"沉睡"在伦敦的大英博物馆里。阿摩斯的纸草纸手稿是一部关于数学与几何的古老文献汇编。

虽然纸草纸手稿能帮助我们了解古埃及的数学,但还是太少,古埃及人在数学上的更多聪明才智就隐藏在尼罗河畔的那些古建筑群中。

五、测量出真知

几何学是古埃及人留给世界的独特遗产。在古埃及,几何学来源于土地测量技术,古希腊历史学家希罗多德就这样说过。古埃及的土地主要分布在尼罗河沿岸,每年7月中旬,河水开始泛滥,会淹没大量土地,一直到11月才开始退落。洪水退去后,田野里留下一层肥沃的淤泥。可是洪水把地界也冲毁了,因此测量土地的事情年年得做。它不仅是一个体力活,更是一个智力活。所以说,尼罗河水的泛滥帮助古埃及人发明了几何学是有那么几分道理。

古埃及人会解一元二次方程。二元二次方程则是通过消去一个未知数,使之变成一元二次方程来求解的。

纸草纸文献中的例题大都是指具体实物,很少是抽象的计算。即使是计算也很简单。因此,这些例题只能是方法的说明或典型问题的解答,它们很容易记住,能轻易运用到其他类似的问题上去。古埃及人使用的计算方法是在特殊情形中通过试验总结出来的,并经过实践的检验而得到普遍应用。

在第四王朝时期(即金字塔时代),古埃及数学可能已经完成了它的发展过程,达到了第十二王朝的纸草卷记录下来的水平。自那以后,古埃及人的数学便停滞不前。但是,应当予以充分肯定的是,古埃及人的数学知识是独自发展起来的,还没有证据表明他们在这方面曾受到外界的影响。

　　公元前 2000 年，古埃及人已掌握了一套实用的计数法，并且能够简便准确地进行算术计算，包括复杂的分数式的计算。他们发展了解题方法，其中的一些，直到近代仍为教科书所采用，特别是那些按一定比例分配的问题和解答实际问题的方法。

　　那一群手拿细绳的人，古埃及人把他们叫作"牵绳者"。在太阳刚刚升起时，他们就开始丈量土地，记录结果，为来年的农业生产做好准备，几何学由此而产生，但谦虚的古埃及人把这些都归功于神的指导和启示。

第三章

泥板上的记忆
——两河流域的数学

泥板文书是美索不达米亚人的独创，在以黏土为背景的世界里，留下了古代人类最早的记忆，它们既是科学，又是历史。两河流域丰富的数学知识从那时起就开始了最初的积累。

一、历史的孕育

尼罗河三角洲以东大约 1600 千米的地方奔流着另外两条大河，一条叫底格里斯河，一条叫幼发拉底河。这两条大河均发源于今天的土耳其境内，流经叙利亚，在伊拉克南部汇合成阿拉伯河，最后流入波斯湾。古希腊人把两河之间和沿岸一带那一大片土地叫作美索不达米亚，是另一个古老文化的发源地。

在古希腊语中，"美索不达米亚"的意思是两河中间的地方。它西接阿拉伯沙漠，东邻扎格罗斯山脉。很早以前，人类就在那里生息繁衍，在这块土地上曾经有多个国家兴盛过，最著名的有古巴比伦，辉煌灿烂的美索不达米亚文明就是其曾经繁荣的证据。

历史学家把这支古老的文明粗略地分为苏美尔（Sumerian）、阿卡德（Akkad）、巴比伦（Babylon）、亚述（Assyrain）等时期。苏美尔人是美索不达米亚文明的早期开拓者，他们在 5000 年以前就有了象形文字。后来的古巴比伦人和亚述人继承和发展了苏美尔文明，才使美索不达米亚在数学和天文学方面的一些成就超过了古埃及。

古埃及和美索不达米亚中拥有知识的主要是统治阶层。大约在公元前 2000 年，两地的僧侣分别建立了寺庙图书馆，把记载着各种知识的秘本收藏在里边。除了少数僧侣，一般人是无法阅读这些书的。由于传播和交流的缺乏，知识就显得很神秘。

美索不达米亚的许多商人赶着毛驴或骆驼，翻过扎格罗斯山，穿越阿拉伯沙漠，或者一路向东，从遥远的地方换回杉木、金属、丝绸、染料、香料和宝石等。

在贸易中，商人们遇到的最大问题是如何计量。起初，他们买卖商品不是论斤两，而是按驮计量。比如，一头驴驮的粮食换一头驴驮的棉花。但是在进行昂贵商品交易的时候，就必须精打细算了。

以物易物，给商人们带来沉重的负担和很多不便。比如，一个人想用粮食换木材，但有木材的人不一定需要粮食，而需要粮食的又不一定有木材。

要是有一种东西大家都愿意要，那么商人们之间的贸易就会方便很多。曾经有一个时期，差不多人人都愿意要大麦。那时候，大麦除了做面包和酿酒，还可以用来支付工资和换取任何别的东西。这样，商人们到外地做买卖，只要用毛驴和骆驼驮上大麦，很快就能换回自己所需要的东西。

后来，人们发现银子更容易被大家接受，因为它携带方便，久放不坏，人人都愿意要，是一种做买卖的交换媒介。开始的时候，商人们按照成交量的多少，每次都得称量银子。以后，就铸造成一小块一小块的银条，每块银条上都标好了重量。这就是世界上最早的金属货币。金属货币的出现，使人们第一次有了一种可以长期储存又不会变坏的"财富"。它促进了贸易和生产的发展。

随着贸易范围和数量的不断扩大，人们需要经常掌握买进和卖出的情况，于是又出现了记账和算账的问题。数学的诞生是一件多么自然而然的事情啊。

在古代所有的知识领域，数学的地位和作用都十分重要。为了能够胜任秘书、会计和建筑等工作，他们必须具备识别数学符号和实际计算方面的知识。

二、数 字 春 秋

古代的美索不达米亚人先把黏土做成方形的板砖，然后用尖木棍

楔形文字

在上面刻字，最后把泥板放在太阳下晒干或在火上烤干。这种文字就是楔形文字，也叫泥板文字。不难体会，那时候的书写和记账是一项非常艰巨的工作。

楔形文字写起来很慢，改写、保管和查看都很不方便。但楔形文字一经写成，就不容易损坏。近年来，考古学家在两河流域发掘出了成千上万块刻有楔形文字的泥板，虽然经历了几千年的时光，上面刻写的图文仍然清晰可见。它们成为我们了解古代美索不达米亚文明的重要依据。

不过，用这种文字在泥板上记录数据和计算实在落后。幸好，那时候一般人都不用这种方法，而是在地上铺一层沙子，再放上小石子进行计算。古埃及人用的也是类似的方法。条件虽然简陋，但结果出奇的好。

大多数的古代数字系统都用 10 做基数。一种可能是，在最早的时候，人们大概都是用 10 个手指来数数的。其实，"10"这个数并没有什么奇特的地方，用别的数做基数也不是不可以。

美洲中部的玛雅人就以 20 为基数。美索不达米亚人有时也以 60 为基数。由古巴比伦人创造的 60 进位制一直沿用到现在。我们今天计算时间，就是把 1 小时分成 60 分钟，1 分钟分成 60 秒；对地球经纬度的划分，也是把 1 度分成 60 分，1 分又分成 60 秒。

60 进位制的产生，可能和天文学的发展有关系。苏美尔人和古巴比伦人在天文学上曾取得了很高的成就。60 进制在两河流域普遍使用，即每逢 60 向前进一位。与我们今天所使用的遇 10 进 1 的十进制不同，60 进制首次使用了数值概念，即以数字所在位置来表示数值。

我们从考古（公元前 1800 年）发掘中，知道了古巴比伦人 60 进制的计数系统，60 进制的最大优点在于，使用分数进行运算时相当简单。有迹象表明，古巴比伦人特别重视 60 这个数。对于古巴比伦人来说，这也许是一个简略的表达。尽管如此，巴比伦人没有零的概念，这就决定了他们的计数系统是不完善的。

美索不达米亚人还掌握了另外一些简便的数字计算方法。在靠近幼发拉底河岸的古代庙宇图书馆遗址里，曾发掘出大量的黏土板。有不少黏土板上刻着乘法表和加法表，还有一些刻着平方表。他们用简单的平方表，就能很快算出任何两数相乘的积。

利用平方表做乘法没有算盘方便，所以它不像算盘那样，具有流传广和使用时间长的特点。在很长一段时间，欧洲的商人和店员都喜欢使用像算盘那样的计算工具。在中国和日本，至今还有许多人使用着算盘。

日本的算盘也是从中国传去的。它的特点是梁下以 1 珠当 1，梁上以 1 珠当 5。在十进位的基础上，添了一个五进位的中间单位。这样不仅节省了算珠，而且加快了计算速度。

三、对圆的认识

大约在 6000 年前，美索不达米亚人造出了世界上第一个轮子。这是人类历史上最伟大的发明之一！

到了巴比伦和亚述时期，出现了打仗用的战车和进行贸易的车辆。车上的轮子已经有了辐和毂，和今天还能见到的老式车轮差不多。美索不达米亚人还发现了圆木轮的其他用途，如陶工利用旋轮制作精细的器皿、建筑工人利用滑轮吊起重物等。

能发明轮子的人也应该掌握了不少关于圆的知识。但实际上，他们对圆的理解还不如古埃及人。古埃及人在计算圆的周长时，是把圆的直径乘以 3.14，而美索不达米亚人在计算圆的周长时用的是 3。

我们知道，圆周率（即圆周长与直径的比率）$\pi = 3.1415926\cdots$ 是一个无限不循环小数，叫作无理数，用 3 来代替它，就等于用正六边形的周长来代替圆的周长，是一种相当粗糙的计算方法。

美索不达米亚人对圆的认识虽然没有古埃及人深刻，可是他们实际运用几何的能力，特别是在天文方面却比古埃及人先进。他们把太阳在天上一昼夜经过的轨道分成 $360°$。后来又把这种分法应用于一切圆形物体。他们已经会区分恒星和行星，给五个行星起了专门名称，这就是水星、金星、火星、木星、土星。

古巴比伦天空晴朗，僧侣们每夜观察天空的景象，并把他们的观察结果记录在泥板上。他们似乎发现了天文现象的周期性，觉察到某些天体的运动是有规律的。有一个文件中说，他们已经能够计算出太阳和月亮的相对位置，所以能够预测日食和月食。

众所周知，地球自转 1 周是 1 天；月球公转 1 周是 1 月；地球公转 1 周是 1 年。它们在各自的轨道上很有规律地运动着。

月球不会发光，月光是月球反射太阳光的结果。当地球运动到太阳和月亮之间的连线上时，太阳射到月球上的光线就被地球遮住了，月球正好处在地球投下的阴影里，这就是月食产生的原因。

同样的道理，如果月球运动到地球和太阳之间的连线上时，就会发生日食。美索不达米亚人能够比较准确地预测日食和月食，说明他们很可能也懂得了这一道理。

顺着这一思路，当美索不达米亚人看到月偏食的时候，就猜到地球本身也是圆的，因为那时候月亮上的阴影总是带着圆边。

在观察天象的同时，他们还借助代数和几何学的知识计算诸如金星的起落和日食、月食的周期等，历法的制定就是以此观察和计算结果为根据的。

公元前最后几个世纪，一名学问高深的人已经具备足够的数学知识去计算行星的运行规律了，他根据计算结果禀告国王调整历法。

四、数 学 成 就

古巴比伦人很早就有了乘法表、平方表和立方表。出土石碑的碑文记载了相关的数学知识。在公元前 2500 年以前，非闪族的萨马利亚人统治两河流域达 1000 年之久，古巴比伦人的数学知识显然是从萨马利亚人那里学来的。

那时候的学者必须抄写和熟记泥板上那些供研究用的高级公式，如加、减、乘、除计算，平方和平方根，立方和立方根计算，等等。为了更好地讲解实用方面的计算方法，教师们还设计出了一些简单的例题，如计算不同形状的土地面积、砌筑墙壁所需要砖的数目，以及修筑斜坡或巷道所用的土方总量等。

汉谟拉比时期（公元前 1792 年～前 1750 年），高年级学生就已经具备了一定的代数与几何学知识。今天我们所熟悉的毕达哥拉斯定理，当时虽然还不能做出理论上的证明，可是已经能够进行实际应用了。

公元前 1600 年的一块泥板记录了一系列勾股数组（即毕达哥拉斯三元数组），取值方法是令 $a=u^2-v^2$，$b=2uv$，$c=u^2+v^2$，其中 u、v 是任取正整数，这样可得出 $a^2+b^2=c^2$。研究发现，这一取值方法与古希腊代数学家丢番图的方法一样。

另一块泥板展示的是一些综合性的计算，其中除法是通过将除数化成倒数来完成的。在出土的泥板文书中，有不少倒数表。对于一个二次方程，古巴比伦的数学家是使用算术运算来求解的。例如，在一块出土的泥板中有类似这样的问题：已知两个数的乘积为某定值，又知道了这两个数的和或差，问这两个数分别是多少。

相对于代数而言，古巴比伦人的几何学要差一些，在许多情况下，他们都用代数方法处理几何问题。这一不足可能与他们的空间想象能力及计数的精确性还没有达到一定高度有关。

生产的发展和生活方式的变化对代数、几何提出了新的要求，如土地丈量、谷物计量、牲畜数量、建筑、天文观测、对时间和季节的把握等。生存和生产实践的需要促使当地的苏美尔人发明了最早的算术体系，创造了自己的数学工具。

日常生活的需要是科学产生的原始土壤，几何学就更不用说了。在土地测量的原始记录和换算关系中，可以发现几何学的影子。在几何图形的最初表示中，有为建筑或耕作目的进行的土地丈量，有城市建设的平面布置。

　　在从古巴比伦向周围辐射的文明中，既有实际的知识，也有玄虚的巫术。早期的巫术含有文明的真正因素，它特别重视数的神秘性，并用来预测事物的发展和个人的命运。在后来的若干个世纪，人类社会一直看好特殊数目的价值，并将其进一步神性化。后来的人们将几何图形与某种神性联系在一起，与此就有很大关系。

第四章

善算的传统
——古代中国的数学

古代中国在自然科学方面倾向于实用，数学更不例外。我们的祖先把数学叫作"算学"，主要侧重于解决实际问题。

由于在天文历法的计算方面有不少艰深的数学问题需要解决，这就决定了该领域的发展与数学密切相关，许多天文学家本身就是数学家。

除天文、历法外，丈量土地、水利工程、宫廷建筑、商品交换等都离不开数学。这从根本上促成了古代中国数学的繁荣和发达。

一、远古时代猎物的分配

远古时候，部落都很小，每天的猎物也极其有限，所以他们屈指就可以数得过来。再后来，人们改进了狩猎工具，获取的猎物也就多了。当猎物超过 10 个以后，"屈指"已不可数，于是又想到在一条绳子上打个结来记数。这就叫"结绳记事"。

公元前 10 世纪左右，在黄河流域出现了一本书——《易经·系辞》。在内容有限的篇章里，专门辟出一部分记录了上古时期的"结绳记事"。书中说"上古结绳而治"指的就是那个漫长时期发生的事情。

不知又过了多少年，人们渐渐发现"结绳记事"挺烦琐，而且时间一长，人们根本弄不清楚绳子上那些"结"都记的是什么事情，连挽那些"结"的当事人也糊里糊涂的。于是就有人想到，要是能发明几个符号记录那些事就好了。不知经过了多少年、多少月、多少天的努力，有人终于想出了一些符号来表示各种不同的东西和各种东西的数目。今天数字的最早祖先就诞生了。

打猎是一个力气活，需要合作才能成功。两个人一起发力，猎获了一只兔子，五个人共同围捕，猎获了两只野山羊。他们高高兴兴地把猎物背回家，难题就出现了。分配是一个大问题，如何合理分配就是一个更大的问题啊。它是人类社会后来始终追求的目标，它的重大而深远的历史意义就是维护了社会的公平。对公平的追求必然要涉及数学。

起初，人们只知道"二分一""五分二"。前一种分配很容易，一个人砍一半就行，后一种分配要困难些，但他们有的是办法。后来，分数的概念逐渐形成了，并被记录下来，就是"二分之一""五分之二"等。所以说，在很久很久以前，人们对分数就有了朦胧的认识。

虽然人类对零的认识比较晚，但零也是一个数啊。打不到野兽，猎人就空手而归，陪着太阳度光阴，白忙活了一天。除了饥饿和困乏，什么都没有。这就是猎人面对的最大现实，也是"零"这个模糊概念在他们大脑中的短暂停留。

别人打的猎物都有记录，或者1个，或者3个，或者5个，唯独这个不幸的人什么也没有。万般无奈之下，部落首领只好在他的名下标上一个"□"的符号，表示什么也没有。

最早的数学就是记账，像猎物的多少、粮食的收获、人口的增减等，都是部落首领要弄明白的重要事情。记账员为了准确表达这些信息，就要不断开动脑筋，想出一种简明扼要的书写方式，让人一目了然，或者稍做思考就可以得出结论。这是数学诞生的原因之一。

人们不仅要记账，还要算账。比如，打下的粮食每人或每家要分多少，猎物的分配也是一样；再比如，耕作的土地是按人分配还是按户分配。这都涉及数学知识。

我们的祖先在平凡的日子里追求着自己的数学梦想，他们在几乎与世隔绝的天地里走着一条自我发展的道路。在数学方面，取得了许多独特的成就。

二、测量和计算的悠久历史

很早以前，我们的祖先在渔猎和农事活动中就接触到了测量和计算，并积累了大量知识。《史记·夏本纪》中记载，大禹治水的时候，已经使用了规、矩、准、绳等作图和测量工具。战国时期，齐国的《考工记》汇总了当时手工业方面的技术成果，包含了一些测量的内容。

2000多年前，各诸侯国之间战争不断，燕、赵、秦三国为了抵御来自北方的侵扰，建了最初的长城。秦始皇统一全国后，派大将蒙恬把它们连接起来，就是历史上著名的秦长城。汉朝和明朝都大规模地修筑过长城。

在中国历史上，汉长城和明长城同样著名。长城由西至东，在险峻起伏的山岭上绵延万里，是举世罕见的巨大土石建筑。长城是中国古代文明的重要标签，也是中国古老文化的重要名片。在修筑长城的时候，经常碰到数学问题。中国的万里长城是古代世界的宏大工程，长城的修筑就是古代科学和技术的运用，毛泽东在《清平乐·六盘山》中写道："不到长城非好汉。"我们在学习上就需要发扬这种精神和气魄。

沟通南北的大运河是另一个连通历史的文明标签。长达1700多千米的大运河是一项非常杰出的水利工程。人类通过数学的技巧运用灵巧的双手，完成了这一伟大工程。

这两项工程都离不开科学和技术。中国人在长城和运河的建造过程中，经常用到几何测量、数字计算和土木工程方面的知识。

春秋战国时期，学者们已经有了非常丰富的数学知识。《庄子》中就有"一尺之棰，日取其半，万世不竭"的记载。意思是一根一尺长的木棍，每天截掉一半，千年万载也截不完。直到今天，人们还常把"日取其半"作为了解"极限"思想的典型例子。

对图形的爱好和研究的冲动也都是从实践中慢慢培养出来的。比如，要计算出一块土地面积的大小，就涉及各种各样的图形，最简单的当然是正方形和长方形，此外还有梯形、三角形、椭圆形、圆形等。还有体积的计算，所有这些研究都与生产或生活紧密相关。对这些问题的处理，最终会聚焦到一个方面，形成一门最古老的学科，那就是数学，古代中国人称之为算术。

算术在春秋战国时期发展迅速。《汉书·食货志》记载了李悝的算术，其中就有很多加减乘除的运算。九九乘法表差不多孕育成型于春秋战国时期。人民在繁重的体力劳动之外，还要记录自己每天的收获，他们凭借自己的聪明才智，不差分毫地实现了数字的垂直叠加。

古代中国的数学著作种类很多，比较重要的是中国古代的十大数学名著——《海岛算经》《五曹算经》《孙子算经》《夏侯阳算经》《张丘建算经》《五经算术》《缉古算经》《缀术》《周髀算经》《九章算术》。从这些著作以及后来的很多数学著作，就可以得知中国古代数学发展的大概情况。你也会发现，在所有这些数学成就中，中国人的功夫主要下在了如何"算"上。

各地的数学有各自的特点，古代中国人擅长代数（所谓的"算"），而对几何图形不太擅长，即使有所涉及，也多半是用"算"的方法来解决的。古希腊人则完全两样，几何图形似乎是他们的最爱，他们习惯于形象思维，即使遇到"算"的问题，也会想办法用图形的组合和变换去解决。

中国人注重实际，更偏重于"算"的技巧，最终走上了一条靠实用技术发展壮大的道路；古希腊人痴迷理想，对变化的图形情有独钟，追求理性科学就成为他们的不二选择。

注重实际应用是中国数学的基本风格。从一开始，中国数学便在实践中逐步完善和发展，形成了一套自己独创的方式和方法。

三、古老的算筹

中国是数学传统最悠久的国家之一，在中国，很早就建立了一套算法体系，中国古代数学的显著特色是形数结合，寓理于算，以算为主。

公元前 14 世纪，殷代甲骨文的卜辞中就有很多计数的文字。公元前 11 ～前 8 世纪，人们已经用算筹来计数，甚至完成了一些比较简单的四则运算。

"算术"的原始意义就是运用算筹进行计算的技术。所以我们的祖先把数学称为算术。这个名称恰当地概括了中国数学的传统。

在中国，算筹的起源很早，准确年代已不可考。算筹，就是借助于细小的棍棒计算并得出结果的一种方法。陕西省千阳县的汉墓中就出土过算筹，说明在西汉时期使用算筹进行计算已经很普遍了。但实际上老子曾经提到过它，《墨经》中也有类似的说法。种种迹象表明，春秋时期，人们在计算中已普遍使用算筹。

春秋战国时期是我国从奴隶社会向封建社会过渡的关键时期。这段时期，生产的迅速发展和科学技术的进步对数学提出了更高的要求，比较复杂的数字计算问题大量出现。为了适应这种需要，我国劳动人民创造了一种十分重要的计算方法——筹算。

在春秋战国时期，筹算已经是一种相对成熟的计算方法了。理由如下。

第一，春秋战国时期，农业、商业、天文、历法等方面有了很大发展，在这些领域出现了大量比以前复杂得多的计算问题。这段时期，井田制退出了历史舞台，各种形式的私田相继出现，并相应实行了按亩收税的制度，这就需要计算土地的面积和产量；商业贸易的增加和货币的广泛使用，提出了大量比例换算的问题；为了发展历法，需要计算多位数的乘法和除法。在解决这些复杂计算问题的时候，中国人创造出了计算工具算筹和计算方法筹算。

第二，现有的文献和文物也证明，筹算出现在春秋战国时期。例如，"算"和"筹"二字频繁出现在春秋战国时期的著作里，如《仪礼》《孙子算经》《老子》《法经》《管子》《荀子》等著作中都有，但甲骨文和钟鼎文中没有见到这两个字。

战国时期，数学发展得更快。战国时期的中国是文化大发展、大繁荣时期。那时候，理性思维光辉绽放，文学艺术才情尽显。人们对主观世界和客观世界的认识也大大发展。这就是我们常说的"百花齐放、百家争鸣"时期。

《老子》中有"善数，不用筹策"。这说明在老子生活的年代，筹算已经比较普遍了。那些不用借助于算筹就能进行口算或心算的，都是一些聪明的孩子。

关于算筹，现在所见的最早记载是在《孙子算经》中。宋朝时，人们发明了算盘。到明朝时，筹算基本就被珠算取代了。但对初入学校、进行识数和简单加减乘除计算的小孩子是例外。最初的筹算可能是用一些小石子来计数，一个小石子代表一头牲畜、一堆谷物或一件农具。后来，逐渐形成了一套计算方法，小石子也慢慢变成了竹制的小棍，外形规则、整齐划一，这就是算筹。

算筹，又叫作筹、策、筹策等，有时也称为算子，是一种棒状的计算工具。综合各方面的文献，我们可总结出制作算筹的材料，除竹筹外，还有木筹、铁筹、骨筹、玉筹和牙筹，盛装算筹的容器叫作算袋和算子筒。不用时放在特制的算袋或算子筒里，使用时在特制的算板、毡上排布，或者直接在桌上排布。古代算筹的功用大致和后世的算盘珠相仿。所以，算盘一定是在算筹基础上受算筹计算启发而产生的计算工具。

算筹分纵式和横式两种摆法。纵式表示个位、百位、万位等，横式表示十位、千位、十万位等，遇零空位，这种方法可以摆出任意的自然数。

应用"算筹"进行计算的方法叫作"筹算"。筹算可以进行整数和分数的加、减、乘、除、开方等各种运算。直到元、明时期，筹算一直是我国的主要计算方法。

当然，筹算不只是简单的数值计算，还有更多的数学意义。这一计算方法传入日本后，日本人将其称为"算术"。这种方法的最大优点是，算筹取材方便，操作简单易行。筹算过程能够轻易地把形象思维和抽象思维关联在一起。在辅助计算的过程中，还能够起到激活人们大脑细胞的作用，甚至还能通过一系列计算发现很多规律。筹算的局限性也显而易见，即计算过程无法保存，因此不能得到检验。中国传统数学不擅长逻辑推理也可能与此有关。

关于算筹的形状和大小，《汉书·律历志》有详细说明。书中说，

计算工具的进步

算筹是直径 1 分（合约 0.23 厘米）、长 6 寸（合约 13.68 厘米）的圆形竹棍，以 271 根为 1 "握"。让人迷惑不解的是，他们为什么会规定 271 根为 1 "握" 呢？

公元 6 世纪的数学著作《数术记遗》和《隋书·律历志》里记载的算筹，长度更短一些，并且把之前圆的算筹改成方的或扁的。这种改变的目的很明确，缩短长度是为了缩小排布算筹时所占的面积，以适应更加复杂的计算；把圆的改成方的或扁的是为了避免圆形算筹容易滚动而造成结果错误。

这一根根不起眼的小棍子，在中国数学史上可是立了大功的。而它们的发明也同样经历了一个漫长的过程。在我国，筹算使用了约 2000 年。这一计算方法对古代中国的生产、生活、科学、技术和社会发展等功不可没。它的缺点也很明显。身上整天背着一个算袋既不雅观，又不方便，计算也烦琐，而且计算数字的位数越多，所需算布的面积越大，受环境和条件的限制相当突出。另外，想提高计算速度也不容易，有时因算筹摆弄不当而造成错误也是常有的事。

社会发展对计算技术的要求越来越高，改革计算手段势在必行。从中唐以后，改革的步伐加快，首先从商业实用算术开始，到宋元时期，出现了大量的计算歌诀。显然，通过背诵歌诀进行计算要快捷得多。歌诀出现后，筹算的缺点就更突出，歌诀的快捷和摆弄算筹的迟缓对比更加鲜明。

《新唐书》和《宋史·艺文志》记载了这个时期出现的大量著作。不过，绝大部分著作已经失传。从遗留下来的著作中，我们发现了一个重要线索，筹算的改革首先从筹算本身的简化开始，而并非像人们想象的那样，从计算工具本身开始。改革的最终结果就是珠算的出现。

至元末明初，珠算已普遍应用。毫无疑问，珠算由筹算演变而来。比如说，筹算数字中，上面一根筹当五用，下面一根筹当一用，算盘的梁上一珠也是当五用，梁下一珠也是当一用。

对算筹的了解很有必要，也很有意思。

四、十进制位值制

在原始社会后期，我们的祖先就已经建立了十进制位值制。大于 10 的自然数都用十进制位值制。在中国，十进制位值制、甲子纪年法、规矩作图等已有几千年的历史，直到今天，仍然有着旺盛的生命力。

商代甲骨文中开始有十进制位值制的记数方法，春秋战国时期普遍运用的筹算完全建立在十进制位值制基础上。

优越的十进制位值制记数法和当时较先进的筹算，使中国数学在计算方面取得了一系列辉煌成就：公元前 3 ～公元 3 世纪（秦汉时期）的分数四则运算、比例算法、开平方与开立方、盈不足术、"方程"解法、正负数运算法则；公元 5 世纪的孙子剩余定理，祖冲之圆周率的测算；公元 7 世纪的 3 次方程数值解法，公元 7 ～ 8 世纪的内插法；11 ～ 14 世纪的高次方程数值解法、贾宪三角、高次方程组的解法、大衍求一术（即一次同余式组的解法）、高阶等差级数求和；13 世纪以后的珠算，等等。这都受益于十进制位值制记数法和筹算。

十进制位值制记数法是当时世界上最先进的记数法，是中国人对世界文明和人类数学文化的重大贡献。透过十进制位值制计数法，我们看到了中国数学传统的古老和悠久。从那些巨大的数字里，你不难体会十进制位值制计数法的微妙。

所以，李约瑟才在《中国科学技术史》中说："奇怪的是，忠实于表意原则而不使用字母文字的民族，反而发展了现代人类普遍使用的十进制位值制的最早形式，如果没有这种十进制位值制，就几乎不可能出现我们现在这个统一化的世界了。"

五、从《周髀算经》到《九章算术》

秦汉时期是中国封建社会的上升时期。这一时期，民族融合的步伐加快，手工业作坊技术快速发展，生产要素也得到了优化和提高，科学、技术和文化也自成体系。

古代数学体系就是在这个时期奠定了良好的基础。其主要标志是算术成为一个专门的学科。那时候的学校老师，除了教学生读书写字，就是讲算术了。所用的教材大概就是《周髀算经》和《九章算术》，或者是由这两本书而来的编辑本。

那时候还没有印刷品，竹简也不多，数量有限的竹简并非人人能用得起，但有些老师有可能有那些类似于古董的东西。老师给学生讲一个算术问题要费很大的劲，有时候还要一遍一遍地讲，直到他们听懂了为止。

1. 著作概貌

《周髀算经》较早，是西汉初期的作品，《九章算术》则稍晚一些。它们都是自成体系的数学著作，书中记载和综合了战国时期的科学思想和成就。这两本书在中国，就像《几何原本》在古希腊一样，所起的引导作用非常明显。

《周髀算经》是我国最古老的天文学著作，原名"周髀"，主要阐明当时的盖天说和四分历法，但古代的天文学其实就是数学的一个分支。唐初规定它为国子监明算科的教材之一，故改名"周髀算经"。《周髀算经》在数学上的主要成就是介绍了勾股定理及其在测量上的应用。但把《周髀算经》纯粹看作天文学著作是不合适的。与《九章算术》一样，它是在对象与其他事物的阴阳关系中来展开计算和分析的。《周髀算经》以大量篇幅论述方、圆与数的宇宙意义、神学意义及其关系，讲述天地的数值关系和相似。而《九章算术》则侧重于经验的总结和应用。

《周髀算经》里已大量使用分数，《九章算术》中给出了相当完整的分数理论，比欧洲的同类著作早了大约 1400 年。我们现在常说的分数除法就是把除数"颠倒相乘"，这可是我国古代数学家刘徽的原话。

除了基本算术，《周髀算经》在七衡中还计算了一个等差级数。相似地，有一个等间距内插法记录了勾股定理的应用，出现了一次不定方程和一次同余式，有了比例几何。《九章算术》更发展为完整的比例法则，其中有与现代基本相同的三次开方法、二次方程的解法、正负数及其加减法的内容。

《九章算术》汇集了战国、秦汉时期的数学成果。其主要内容有分数四则运算、今有术（西方称三率法）、开平方和开立方（包括二次方程数值解法）、盈不足法（西方称双设法）、各种面积和体积公式、线性方程组解法、正负数运算的加减法则、勾股形解法（特别是勾股定理和求勾股数的方法）等。共分 9 章，主要是解决应用问题，有时先举例说明，再谈解法，有时先谈一般解法，再举例说明。在编排方面，《九章算术》采用问题汇集的形式。

这 9 章分别是方田（计算田地的面积）38 题、粟米（交换谷物的比例问题）46 题、衰分（按等级比例分配问题）20 题、少广（由已知面积体积求边长，即开平方和开立方）24 题、商功（工程方面的体积计算）28 题、均属（较复杂的比例问题）28 题、盈不足（由盈和不足两个假设条件解一元一次方程）20 题、方程（一次联立方程问题）18 题、勾股（利用勾股定理进行测量计算）24 题，共 246 个问题。在若干问题之后，给出了这类问题的解法。

书中的绝大部分内容涉及今天的初等数学。全书通过实例介绍了分数计算法、开方术和方程中的正负数运算等，是当时世界上最先进的。

在盈不足这一章中有这样一个例子："今有共买物，人出八，盈三，人出七，不足四，问人数、物价各几何？"对于读者来说，这是一道简单题，相信大家能够读懂，不过我还是要写出今天的表达形式："今有众人共买一物，每人出 8 元，就多出了 3 元，每人出 7 元，就少了 4 元，问人数和物价各是多少？"

东汉时期，《九章算术》把战国时期代表思想界"百花齐放、百家争鸣"的名词定义和逻辑的讨论排除在外，所讨论的问题更偏重于实际应用，密切联系当时的生产、生活。

《九章算术》是中国数学的经典作品，并不是一个人一时写成，而是经历了多次整理、删补和修订。可以说，《九章算术》是几代人集体智慧的结晶。作为一本完整的著作，最终成书于公元 1 世纪左右，那时候正好是东汉初年。

《九章算术》的主要特点有以下四个方面：①全书采用按类分章的数学问题集的形式进行汇编；②算式都是从筹算计数法发展起来的，这些算式依赖于数字在图示上的位置；③全书以算术和代数为主，即使有几何，也偏重于量的计算，很少涉及图形的性质；④全书重视应用，以解决实际问题为己任，因此全书缺乏系统的理论分析。总的来说，《九章算术》形成了一个以算筹为中心的运算体系，在这方面，古希腊数学走的是另一条完全不同的道路。

科学的发展离不开当时的社会条件和学术思想的引导。《周髀算经》和《九章算术》也是一样。为了推行中央集权制，秦始皇重用法家，焚书坑儒。在那样的大环境下，跟当时的社会政治没有多少关系的数学才能拥有自己的一席之地。

到了汉朝，发展经济和休养生息同样离不开数学。汉武帝时期，董仲舒的"罢黜百家，独尊儒术"的思想成为国家的最高意识形态。在这样的政治气候下，人们更加强调学术的实用性，只有研究数学这样的自然科学才不会犯错误。这是《九章算术》孕育成型的社会背景。但关键在于，数学与生产和生活密不可分，所以才会有发展。

《九章算术》堪称世界数学名著，书中的一些数学方法曾经领先其他国家很多个世纪。很长时间内，《九章算术》成为中国自然科学的一面旗帜，它是自成体系的学术著作。《九章算术》奠定了中国初等数学的基础，它的问世为人们的学习和研究提供了一个范本，既是人们学习的教材，又是研究的对象。

《九章算术》系统地总结了自西周至秦汉时期我国数学的重大成就，是中国数学体系形成的重要标志。它的出现说明东汉时期中国数学水平达到了一个高峰。《九章算术》不仅是中国数学史上的重要著作，其影响也远及国外。隋唐时期，这本书传到了朝鲜和日本，被用来作为教科书，稍后又向西传到了印度和阿拉伯世界。中世纪时，欧洲的一些算法，如分数和比例等，就很可能是从中国传入印度，再经阿拉伯世界传过去的。

作为最早的数学著作之一，《九章算术》已被译成多种文字出版。《九章算术》对世界数学的贡献主要表现在以下三个方面：①开方术，它显示了中国古代数学的高超计算水平，是古代中国独自取得的算法体系；②方程理论，书中出现了多元联立一次方程组，相当于高斯消去法的总结，也是一个独立的创造发明；③负数的引入，特别是正负数加减法则的确立，开人类正负数概念及运算之先河，值得特别指出。

2. 为书作注

自古以来，为书作注都是一种传统的做学问的方法。虽然相当多的这类研究都有些炒冷饭的意思，但也有不少成功的例子，其结果是使晦涩难懂的内容焕发出生命的活力。

众所周知，古代人说话的方式跟今天有相当大的差别，而在写书的时候更是字斟句酌，他们要考虑的第一要素就是信息容量的最大化。

因为在竹简上写字是非常麻烦的一件事，下很大的功夫也写不了几个字，而且竹简的体积又大，一箱竹简也传达不了多少信息，所以他们才会仔细斟酌自己的语言，我们常说的"惜墨如金"就充分传达了这一层意思。有时候，"惜墨如金"固然是做到了，但书就变得不容易理解，所以才会有许多人给它们作注。孔子就给《易经》作过注，该注后来成为《周易》的一部分。《周易》是一本对中国传统文化影响比较大的著作。郦道元的《水经注》是另一个成功的例子。

《九章算术》问世后，为其作注者大有人在，其中最好的是魏末晋初的数学家刘徽（山东人）。他是中国古典数学理论的奠基人之一，主要成就是为《九章算术》作注（共作注十卷）。除此之外，他还写了一本著作——《海岛算经》。刘徽的注不是简单的注释，他还旁征博引，注释中经常渗透着他的数学思想。阅读他的注释，总能取得触类旁通的效果。在为《九章算术》作注时，刘徽全面论述了这本数学著作的写作方法和重要公式，阐明和解释了原文中简约深奥的内容，厘清了各种数学理论之间的关系，宏观评价了其中的数学方法。在刘徽的注释中，你能感觉到追根溯源的渴望和力图纠正错误的努力。刘徽作的注不是一般的注释，而是一次成功的再创造。可以毫不夸张地说，正是刘徽赋予了《九章算术》新的生命，使它成为一部完美的古代数学教科书。

在为《九章算术》作注时，刘徽觉得里面关于球的体积的计算有错误，但他一时半会儿也没能找到正确的算法，所以他在注释这一段文字时说："敢不朔疑，以俟能言者。"意思是，就把这个疑难问题空缺在这里，等待以后能解决它的人来做。

从中可见刘徽的聪明和谦虚，他不装模作样，也不会不懂装懂。这其实就是对待科学的态度，也应该是科学家的态度。他很好地践行了孔子的教导："知之为知之，不知为不知，是知也。"（《论语·为政》）

数学家赵君卿为《周髀算经》作过注，在中国历史上第一次证明了勾股定理，他的方法与毕达哥拉斯不同，采用"移补凑合"法，也就是对正方形几何结构做变换的方法来证明勾股定理。

与刘徽同时代的赵爽是三国时期东吴的数学家，他也为《周髀算经》作过注。赵爽所作的《周髀算经注》中有一篇《勾股圆方图注》，并附有插图。这篇注文用简练的语言总结了东汉时期勾股算术的重要成果，给出并证明了有关勾股弦三边及其和、差关系的20多个命题，赵爽的证明主要是依据几何图形面积的换算关系。在《勾股圆方图注》中，赵爽还推导出了二次方程的求根公式。

在《周髀算经注》的另一篇《日高图注》中，赵爽利用几何图形面积关系，给出了"重差术"的证明。"重差术"是汉代天文学家测量太阳高、远的一种方法。

在中国数学史上，刘徽、赵君卿和赵爽都是非常重要的人物，他们的工作丰富了中国古代数学的研究，为中国古代数学体系的形成奠定了良好的基础。

六、圆　周　率

在 4500 年前，中国人已经发明了轮车，基本结束了肩扛手提的历史，生产效率也大大提高。在出土的许多殷商以前的陶器上，我们看到了不少圆形图案。这意味着，在很早的时候，我们的祖先就开始关注圆了。

《周髀算经》中有一段周公和商高的对话，其中谈到了"周三径一"。这是中国最初的圆周率，人们把它叫作古率。秦汉以前，人们一直遵循着"周三径一"的古率。不过，当时的人们已经发现，古率误差太大，圆周率应是"圆径一而周三有余"，至于究竟余多少，并没有一致的看法。再往后，科学技术的发展促进了圆周率的研究，其数值的精确性也不断提高。

一说起圆周率，我们就想起了祖冲之。但在中国，最早用严密的数学方法求算圆周率数值的却是刘徽。刘徽认为，"周三径一"刚好是圆内接正六边形的周长对直径的比值，这比圆周长对直径的比值要小，这个误差绝不可以忽略，换句话说，古率为 3 是有点儿太粗糙了。

今天，如果老师问学生们圆面积怎么求，我相信大家会异口同声地说出一个非常标准的答案：$S = \pi r^2$，但你知道这个公式是怎么来的吗？是谁那么聪明，想出了这么一个非常奇妙而又简单的公式，是谁发明了 π 这个常数，它的意义又是什么？事情还得从刘徽为《九章算术》作注说起。

前已提及，刘徽的重要贡献是为《九章算术》作注，在作注的过程中，为了证明圆面积公式和计算圆周率，他创立了割圆术。这是刘徽的另一个重要贡献。

所谓割圆术就是用圆内接正多边形的面积去无限逼近圆的面积。在谈到割圆术的方法时，刘徽说："割之弥细，所失弥少。割之又割，以至于不可割，则与圆合体，而无所失矣。"这段话的意思是，割得越细，相差就越少。一直不停地割下去，直到不能再割，到那时候，就与圆面积完全一样，几乎没有误差了。

在1000多年前，人们基本生活在一个"耕地靠牛，交通靠走，通信靠吼"的年代。在当时，割圆术思想绝对领世界潮流之先。

想当初，刘徽提出割圆术思想的目的，是求圆面积公式中的那个常数，即我们现在称之为圆周率的那个 π。在魏晋南北朝以前，人们常用的数值是"周三径一"，π 值约等于 3，也有人用根号 10（或 10 开平方）代替。

在割圆术中，刘徽从圆内接六边形开始，他先把圆内接正六边形各边所对的弧平分，做出了圆内接正十二边形，利用勾股定理求出它的边长。依此类推，刘徽分别求出了圆内接正二十四、四十八、九十六边形的边长。内接正多边形的边数越多，求出的圆周率数值也就越准确。这就是刘徽的"割圆术"。

刘徽依次计算出圆内接正二十四、四十八、九十六、一百九十二边形的面积，然后计算出了圆周率 $\pi = 3.14$。

在割圆过程中，要不断地用到勾股定理和开平方。为了开平方，刘徽提出了求微数的思想，这个方法与今天求无理根的十进小数近似值完全相同。利用求微数的方法，保证了 π 值计算的精确性。在这个过程中，刘徽也开了十进小数的先河。在数学发展史上，刘徽是一位具有世界影响的人物。在世界范围内，刘徽的割圆术可以说是遥遥领先。

"割圆术"用折线逐步逼近曲线，用圆内接正多边形的面积逐步逼近圆面积，这种用有限来逼近无限的方法，不仅提供了比较精确的圆周率的数值，而且为后来圆周率的完善奠定了坚实可靠的理论基础。

刘徽的割圆术说起来容易，做起来却有些费时费事。智商、耐心和毅力，哪一样都不可少。

在刘徽之前，数学家们也有过一些想法，也做过一些努力，但都没有取得多大进展。刘徽的割圆术基于一种极限思想，用这种方法很好地证明了圆面积公式。

刘徽的方法虽然费时费力，但却为后人留下了宝贵的财富，让后来的祖冲之眼前一亮。

七、祖 氏 父 子

1. 祖冲之

在中国古代的著名科学家中，祖冲之的名字可以说是家喻户晓。他的名字一般跟圆周率 π 联系在一起。祖冲之的贡献并不仅是圆周率 π，他还是一个多方面的天才，但最有名的恐怕还是他对圆周率的计算了。

祖冲之（字文远，公元 429—500 年）是范阳郡遒县（今河北涞水县）人。生活在宋（刘宋）、齐统治时代。那个漫长时期，中国处于战争和南北分裂的状态。

当时的北方，由于社会经济发展的需要，实用的数学得到重视。这个时期的重要著作有《孙子算经》《张丘建算经》。这两本数学著作的写作仍然沿用《九章算术》的体例，甚至有些数学问题也是为了解释《九章算术》的算法。

当然也有创新，一些数学问题的难度和解题方法超出了《九章算术》的范围，如一次同余式组的解法，等差级数求和，求公差、求项数的方法和不定方程解法等，都是这方面的例子。这些创新对后来数学发展的影响很大。祖冲之是当时中国经济文化南移后南方数学发展的杰出代表。

祖冲之认为刘徽得出的圆周率 3.14 不够精确，他接着刘徽的工作继续往下做，用的还是割圆术，得到的结果是：圆周率 π 在 3.1415926

和 3.1415927 之间。

这个取值范围相当精确。由于圆周率是无理数，不能用有限小数或分数表示，而只能用有限小数不断地去逼近，祖冲之不但用一串有限小数去逼近，还用上限和下限两个数去"夹"。祖冲之的圆周率就是这样得来的。祖冲之的圆周率不仅精确，方法在当时也是最先进的，只有现代数学才有这种思想。

有人经过测算得出结论说，要得到上面的估值区间，必须要算出正 12 288 和 24 576 边形的面积。如果是这样的话，工作量就不是一般的大和一般的复杂了，它的复杂远在一般人的想象之外。有几个人能有那么大的耐心？

人们也把祖冲之的这个圆周率叫作"祖率"，他的圆周率不但是当时最先进的，而且保持世界先进水平达千年之久。大约 1000 年后，伊斯兰世界著名数学家、撒马尔罕天文台的学术带头人阿尔·卡西（Al-Kāshī，1390—1429）利用"割圆术"给出了圆周率的求解过程，从圆周率的计算精度看，阿尔·卡西打破了祖冲之保持了约 1000 年的纪录。他的《算术之钥》是 15 世纪初世界数学史上的重要著作。

1596 年，荷兰数学家鲁道夫经过长时期的艰苦努力，把圆周率算到了 15 位小数。1610 年，鲁道夫去世，他的墓碑上刻的就是这个数，人们也把这个数叫作"鲁道夫数"。

祖冲之还给出了分数形式的圆周率，他的值是：22/7 和 355/113。祖冲之把前一个数叫"约率"，精确度稍差一些，把后一个数叫"密率"，精确度更好一些。用这两个分数表示圆周率，在实际测量和计算中会方便很多。

今天，我们可以用计算机来计算圆周率 π 的值，而且可以得到很高的精确度。在世界数学史上，祖冲之的圆周率是一项了不起的成就，它反映了当时一个国家的数学水平和数学思想所达到的高度。

正因为如此，他的名字才会出现在法国巴黎"发现宫"科学博物馆的墙上。和他的名字并排刻在墙上的，都是世界著名的科学家。在俄罗斯莫斯科大学大礼堂前的走廊里，有一尊祖冲之的彩色塑像，他的周围都是一些世界文化名人的彩色塑像。在月球背面，有许多环形

3.1415926
~3.1415927

数学家祖冲之

山，其中有一座环形山就是以祖冲之的名字命名的，从中可见祖冲之的世界影响。

2. 家学和家风的传承

现在介绍一下祖冲之的儿子祖暅（字景烁，原名祖暅之）。得益于祖冲之的言传身教，祖暅在天文学和数学两个领域也取得了巨大成就。

前已提及，刘徽在为《九章算术》作注时，发现书中关于球的体积公式不可靠，但他仅仅是指出了其中的错误，没有给出正确的答案。是祖暅首先解决了这个问题。祖暅在总结了刘徽的相关工作后，提出了一个非常重要的结论："幂势既同则积不容异。"意思是等高的两个立方体，若其任意高度的水平截面积相等，则这两个立方体的体积一定相等。这就是著名的"祖暅定理"。祖暅应用这个定理解决了刘徽当初没有解决的问题。

中国古典数学著作《缀术》就是祖冲之和祖暅父子俩合著的，可惜这本书已经失传，祖暅写的《漏刻经》和《权衡记》也早已失传。我们对祖氏父子的了解也就限于正史里的那点儿记载。

祖暅先后三次向梁朝推荐他父亲的《大明历》，最终被采纳。据说他在南朝的北部边境进行天文观测时，被北朝俘虏，因为他是著名学者而受到礼遇，后被放还南朝。他经过长期观测，发现当时的北极星距离北极不动点有一度多，因而不重合。

祖暅的儿子祖皓也是志向高远、文韬武略之人。少年时期继承了家业，精通历法数学。梁大同（公元 535—546 年）时期担任过江都县令，后来官至广陵郡太守。

八、中国古代数学的高峰——宋、元四大家

刘徽、赵爽、祖冲之父子是魏、晋、南北朝时期著名的数学家，

他们的研究成果为中国古代数学体系的形成奠定了良好基础。

1. 历史背景和发展基础

唐代中期以后，社会经济得到较大发展，手工业生产和商品交换形成一定规模。当时的社会对数学计算提出了更高的要求，为人们提供便于掌握、快捷准确的计算方法就成了数学家的首要任务。

为适应社会对数学的这种需求，中晚唐时期出现了一些实用的算术书籍，陆续出现了一些筹算歌诀。随着筹算歌诀的盛行，运算速度大大加快，以至于人们感觉到，摆弄算筹跟不上口诀。在这样的背景下，算盘便应运而生，及至元末，算盘已经广为流行。经过隋唐时期的发展，到了宋元时期，中国古典数学达到了新的高峰。

公元 960 年，赵匡胤陈桥兵变，黄袍加身。北宋王朝的建立结束了五代十国的割据局面。"天下初定，人心思定，社会安定"已成为天下共识和社会现实。

在这样的大背景下，北宋的农业、手工作坊业和商业迅速发展起来。科学和技术既是受益者，反过来又进一步推动了社会的繁荣。从《清明上河图》可一观当时的繁荣景象。

古代中国的重要发明——火药、指南针和印刷术在这时期得到了推广和应用。特别是印刷术的问世，为思想的传播创造了优越条件，为科学文化的日益定型提供了广阔空间。

在竹简、木牍和丝帛上写字的历史已经一去不复返，除了工艺的需要和点缀文化的需要，也不必将字刻在陶瓷或青铜器皿上以记录某一段重要的历史场景，也不需要在龟甲上刻字以传承知识和保存记忆，结绳记事就成了更加久远的朦胧记忆。

这是宋代数学高峰形成的历史基础。这时候，计算技术也发生了根本的变革，珠算就在这时出现了。随着珠算的出现和推广，算筹开始退出历史舞台。用珠算进行计算，既快捷又方便，还相当准确，很快就成为数学家们的最爱。

当然，珠算也有不足，它不能开方，不能求三角函数，不能进行对数和指数的运算，总之，它不能做的事情有很多，但在宋朝，它好像已经很好了，也能满足当时人们的基本计算需要，特别是对于那些以交换为己任的商人们和以记账为己任的账房先生们。

中国古代数学在宋元时期显示出繁荣景象。11～14世纪，出现了一批高水平的数学著作和著名的数学家，如秦九韶的《数书九章》，李冶的《测圆海镜》和《益古演段》，杨辉的《详解九章算法》《日用算法》和《杨辉算法》，朱世杰的《算学启蒙》和《四元玉鉴》等。

秦九韶、李冶、杨辉和朱世杰是宋元时期著名的四大数学家，这四个人代表了当时中国数学的最高水平，也取得了当时世界上最先进的数学成果。

这时期，中国数学取得了很多成就，特别是对高次方程和高次方程组解法的研究创造了一个奇迹，达到了一个高峰。即使在今天，高次方程也是一个高深的问题，它的解法也是相当深奥，解题过程能充分体现一个数学家思路的精巧。

2. 秦九韶

秦九韶生于南宋末年的四川安岳，曾经在湖北、安徽、江苏、浙江等地做官，官做得不大，仕途也不怎么顺利，但走的地方还挺多，最后又被贬到了梅州。

1247年，秦九韶写了一本书——《数书九章》，全书共18卷81题，分9大类。第一，大衍类，主要阐述大衍求一术，即一次同余式组的解法；第二，天时类，讨论历法推算与气象测量；第三，田域类，讨论面积问题；第四，测望类，讨论勾股重差问题；第五，赋役类，讨论运输与税收筹划问题；第六，钱谷类，讨论粮谷运输与粮仓容积问题；第七，营建类，讨论建筑工程问题；第八，军旅类，讨论安营扎寨与军需供应等问题；第九，市易类，讨论市场交易及利息问题。

在《数书九章》中，秦九韶提出的"大衍求一术"和"正负开方术"（即以增乘开方法求高次方程正根的方法）颇具创造性。

3. 李冶

李冶出生在河北正定，生活在金元之际。李冶一生隐居，潜心著述讲学，是一个非常好的老师，也是一个有真才实学的学者。据说元世祖忽必烈慕其名望，多次召见许以高官厚禄，李冶都没有动心。

1248 年，李冶完成了《测圆海镜》，1259 又完成了《益古演段》。《测圆海镜》共 12 卷，170 个问题，讲述由给定直角三角形求内切圆和旁切圆的直径，李冶在书中提出了"天元术"。《益古演段》是"天元术"的入门教材，李冶在书中用通俗的语言解释了天元术。

所谓"天元术"就是根据问题的已知条件列方程、解方程的方法，"天元一"相当于未知数 X。天元术的出现标志着我国传统数学中符号代数学的诞生。

4. 朱世杰

朱世杰（字汉卿，号松庭）寓居燕山（今北京附近）。从他成书的时间判断，他大概出生在南宋后期，生活在忽必烈时代。

他的《算学启蒙》（1299 年）是一部通俗数学名著，曾流传海外，影响了朝鲜、日本数学的发展。他的《四元玉鉴》（1303 年）是中国宋元数学高峰的标志之一，其中最杰出的数学创造有"四元术"（多元高次方程列式与消元解法）、"垛积术"（高阶等差数列求和）与"招差术"（高次内插法）。即使在今天，如果不是数学专业出身的人，理解朱世杰的数学创造仍有一定难度。

5. 杨辉

杨辉（字谦光，生平履历不详），钱塘（今浙江杭州）人，从他的一系列著作的出版年代判断，杨辉比朱世杰略早二三十年，是南宋时期著名的数学家和教育家。

杨辉出生在南宋后期，成长在偏安一隅的繁荣社会。根据现存文献看，杨辉还担任过南宋地方行政官员，据说其为官清廉，足迹遍及苏杭一带。

杨辉之所以能留名于今天，主要是因为他的数学成就，光是他署名的数学著作就达五种二十一卷。他也算是高产作者了。下面我就罗列一下杨辉的数学成就。

这些著述主要有《详解九章算法》12卷（1261年）、《日用算法》2卷（1262年）、《乘除通变本末》3卷（1274年，第3卷与他人合编）、《田亩比类乘除捷法》2卷（1275年）、《续古摘奇算法》2卷（1275年，与他人合编），其中后三种为杨辉后期所著，一般称为《杨辉算法》。

《详解九章算法》汲取了前人研究和注释《九章算术》的精华，增加了新的内容，对某些内容进行了新的注释，在编排体例、顺序上提出了新的观点。

先看下面这个式子：

$$(a+b)^1 = a+b$$
$$(a+b)^2 = a^2+2ab+b^2$$
$$(a+b)^3 = a^3+3a^2b+3ab^2+b^3$$
$$(a+b)^4 = a^4+4a^3b+6a^2b^2+4ab^3+b^4$$
$$(a+b)^5 = a^5+5a^4b+10a^3b^2+10a^2b^3+5ab^4+b^5$$

如果你愿意，还可以继续往下延伸。宋代数学家杨辉要解决的，就是等式右端各项的系数相互间的规律问题。

1261年，杨辉在他所著的《详解九章算法》中给出了答案。杨辉在书中画了一张表示二项式展开后的系数构成的三角图形，叫作"开方作法本源"，现在简称为"杨辉三角"。

杨辉在书中说："开方作法本源出《释锁算书》，贾宪用此术。"贾宪是北宋时期的数学家，大约生活在11世纪上半叶，贾宪当时已经认识到了二项式展开后各项系数的规律。所以，我们现在把这个规律简称为"贾宪三角形"。

在国外，直到15世纪，阿拉伯的数学家阿尔·卡西才表示了同样意义的三角形。1527年，德国人阿皮亚纳斯在其所著的一本算术书的封面上也曾印有这个二项式系数表。16～17世纪，欧洲还有许多数学家也提出过类似贾宪三角形的系数表，其中以帕斯卡的最有名，欧洲人把帕斯卡的二项式系数表称为"帕斯卡三角形"，但那已经到了1654年。

　　杨辉三角是一个由数字排列成的三角形数表，一般形式如下：

$$
\begin{array}{ccccccccccccc}
 & & & & & & 1 & & & & & & \\
 & & & & & 1 & & 1 & & & & & \\
 & & & & 1 & & 2 & & 1 & & & & \\
 & & & 1 & & 3 & & 3 & & 1 & & & \\
 & & 1 & & 4 & & 6 & & 4 & & 1 & & \\
 & 1 & & 5 & & 10 & & 10 & & 5 & & 1 & \\
1 & & 6 & & 15 & & 20 & & 15 & & 6 & & 1
\end{array}
$$

　　"杨辉三角"最本质的特征是，它的两条斜边都由数字 1 组成，而其余的数则等于它肩上的两个数之和。

　　《日用算法》已经遗失，仅有几个题目留传下来。从《算法杂录》所引的杨辉自序中，可知《日用算法》的内容梗概："以乘除加减为法，秤斗尺田为问，编诗括十三首，立图草六十六问。用法必载源流，命题须责实有，分上下卷。"可见这是一本通俗和实用的算学著作。

　　《乘除通变本末》一共三卷，每卷各有自己的题目。上卷叫"算法通变本末"，前半部分是数学教育史的重要文献，后半部分是有关乘除算法的研究心得；中卷叫"乘除通变算宝"，论述了以加减代乘除的方法，以及求一、九归诸术；下卷叫"算法取用本末"，是对中卷的注解。

　　《田亩比类乘除捷法》有从古文献里掘金的意思，其中包含了二次方程和四次方程的解法。《续古摘奇算法》主要讲的是图形和幻方。里面的一些内容也有科学价值。

　　杨辉的著作大都注意应用算术，浅近易懂也是一个特色。他还广泛征引数学典籍和当时的算书、中国古代数学的一些杰出成果，比如刘益的"正负开方术"、贾宪的"开方作法本源图"和"增乘开方法"等，如果不是杨辉引用，我们就可能不知道了，一些理论可能还要从头开始研究。

　　论及中国古代的数学成就并不容易。但至少可以罗列一些主要的：

在计数方面，最早采用了十进制位值制；在计算工具方面，发明了算筹和算盘；在计算方法方面，有"九九歌"、割圆术、不等间距二次内插法、高次方程组的一次同余式解法等。

明朝时期，最大的数学成就是珠算的普及，这一时期出现了许多珠算读本，1592年，程大位（1533～1606年）《直指算法统宗》的问世标志着珠算理论已自成体系，珠算开始流行，筹算逐渐退出历史舞台，建立在筹算基础上的古代数学也逐渐失传。

第五章

从实用到和谐
——古希腊的数学

古希腊的天空富有文化韵味和精神气质，那里是西方哲学的重要源头。从一开始，他们的哲学主要关注的是整个自然界，因此古希腊哲学也属于自然哲学范畴，自然科学就孕育其中。

在自然科学的所有科目中，古希腊人对数学的理解最深刻。他们认为，数学是隐藏在永恒世界背后的规律展示，它的表现形式就是数字与图形的和谐统一。

在原始社会，人们已经有了数与形的最初观念，但也只是观念而已。从最初观念到产生零碎的、处于萌芽状态的数学知识最少也要经历上万年时间，是不是有些太漫长？那也没有办法，因为当时的社会生产力水平太低。

到了古希腊奴隶社会的全盛时期，生产力已经大大解放，科学取得了明显进步，数学方面发展最快的就是几何学。

一、泰勒斯——演绎几何学的鼻祖

如果要寻找几何学更加悠久的源头，还得到古埃及去一趟。

几何学的英文单词 Geometry 由 Geo（土地）和 Metry（测量）两部分组成，这再清楚不过地说明，几何学是从土地测量的实际需要中产生的。古埃及对这一需要最迫切，也将其发挥得很充分。

古埃及的农业耕作与尼罗河的定期泛滥有密切关系。在河水泛滥的过程中，土地的界碑往往被淹没。因此，测量土地就成了一项经常性的工作。古埃及人的数学知识浓缩了他们的生活经验。在那里，数学首先是实用的，然后才是和谐的。而古希腊人的数学知识主要是主观的和先验的，其形式的和谐取决于审美的要求。

从实用到和谐，还有一段相当大的距离。很难想象他们对数学形式的认识会有如此大的差别。以建筑为例，古埃及的建筑特点是贴近自然，古朴苍凉；在古希腊，很多建筑是一种以空间秩序的意识去寻求比例和安宁的地方，它跟无穷的宇宙有本质上的联系。

泰勒斯（Thales，约前 624—前 546 年）是古希腊第一位自然哲学家，他还是小亚细亚爱奥尼亚自然哲学家学派的领袖。据说他早年曾到过不少东方国家，学习过古巴比伦观测日食、月食和测算海上船只距离等知识，了解了腓尼基人英赫·希敦斯基探讨万物组成的原始思想，掌握了古埃及土地丈量的方法和规则。

他还到过美索不达米亚平原的一些重要城市，在那里学习了数学和天文学知识。以后，他从事政治和工程活动，研究数学、天文学和哲学，他几乎涉猎了当时人类的全部思想和活动领域，并获得了崇高声誉，被尊称为"科学之祖"和"希腊七贤之首"。实际上，七贤之中，只有他是一个真正学识渊博的学者，其余的都是政治家。

据说埃及的大金字塔修成 1000 多年后，还没有人能够准确地测出它的高度。有不少人做过很多努力，但都没有成功。测量高度就是一个纯粹的数学问题，更确切地说，是一个几何学问题。

一天，泰勒斯来到金字塔前。那天天气晴朗，阳光把他的影子投在地面上，每过一会儿，他就让别人测量他的影子的长度，当测量值与他的身高完全吻合时，他立刻在金字塔在地面的投影处作一记号，然后丈量金字塔底到投影尽头的距离。

这样，他就测出了金字塔的高度。在这个过程中，他运用了从"影长等于身长"推演到"塔影等于塔高"的原理。这就是今天初中数学课本里讲的相似三角形的定理。

以下一些几何学定理被认为是泰勒斯提出的：①圆周被直径等分；②等腰三角形的两底角相等；③两直线相交时对顶角相等；④两个三角形中，如果两角及其所夹之边相等，则两个三角形全等；⑤内接半圆的三角形是直角三角形。

可见，泰勒斯在演绎几何学方面做出了开创性贡献。

泰勒斯在数学方面划时代的贡献是引入了命题证明的思想。它标志着人们对客观事物的认识从经验上升到理论。在数学发展史上，这是一次不同寻常的飞跃。

将逻辑证明引入数学的重要意义在于，它保证了命题的正确性，使数学命题具有充分的说服力，揭示了各定理之间的内在联系，使数学成为一个严密的体系，为其进一步发展打下了基础。

证明命题是古希腊几何学的基本精神，而泰勒斯就是古希腊几何学的先驱。他把古埃及基于土地丈量的原始几何学演变成平面几何学，并发现了几何学的许多基本定理，如前面提到的"直径平分圆周""等腰三角形底角相等""两直线相交，其对顶角相等""对半圆的圆周角是直角""相似三角形对应边成比例"等，并将几何学知识应用到了实践中。

相传，泰勒斯在访问古埃及时受到古埃及法老的接见。在那里，他根据土地测量的经验规则创立了演绎几何学。从那以后，几何学就沿着他的方向由其他人加以发展，最后由欧几里得系统化。这就是我们看到的《几何原本》。

从古埃及游历回来后，泰勒斯产生了一种想法，他想根据土地测量的经验规则，建立一门关于空间和形式的理想科学。后继者毕达哥拉斯及其门徒不但证明了一些新定理，而且还按照某种逻辑顺序把已知的定理排列起来。

以泰勒斯为代表的小亚细亚爱奥尼亚自然哲学家学派首先走出了神话传统的阴影，使人类的思想不再围绕神转动。在他们的思想中，整个宇宙的自然属性是最根本的。以此为出发点，人类的知识框架和理性大厦开始建立起来。

由于历史因素，泰勒斯本人几乎没有留下什么东西，我们对泰勒斯的了解多半是通过亚里士多德和罗马帝国时期古希腊传记作家普卢塔克（Plutarch，约46—119年）的记载。

二、图解身边的世界

将数学的方法运用到地理学中，在古希腊已经有人做过。亚里士多德和他的弟子们虽然还不能对地球的表面有详细的掌握，但他们已经可以借助数学和天文学知识估算地球的外形和大小了。这种估算现在看来都是惊人的。

几乎与此同时，中国的思想家孔子还在为早晨的太阳和中午的太阳哪个离我们更近而迷惑不解呢。

不知道这仅仅是一种巧合，还是一种纯粹的必然性？亚里士多德对地球的描述正好符合古希腊人的审美情趣，柏拉图在他的《斐多篇》中就这样认为。毕达哥拉斯更是坚信，地球肯定是圆球状的，因为圆球状的几何图形是宇宙中最完美的。

埃拉托色尼无疑是古希腊最优秀的几何学家，也是最出色的地理学家。他根据日影在不同地点的投影长度而算出的地球的周长只比实际长了 15%，今天看来这都是不容易的。自古以来，测算角度总是比测算距离要容易得多。

埃拉托色尼把天文学和几何学的原理很好地运用于实践中，成为古代科学走向生活的一个典范。据说他所制作的圆周仪曾被使用了十个世纪还多。在埃拉托色尼所处的时代，地图上所标出的一些重要地方大多都是根据旅行者的叙述和传说来确定的。

公元前 332 年，古希腊的亚历山大大帝征服了古埃及，下令在那里建造以他自己名字命名的城市，这个城市就是亚历山大里亚城。在此后的几百年间，亚历山大里亚成了地中海的学术中心。

大约在公元前 240 年，亚历山大里亚的学者埃拉托色尼算出了地球子午线的长度，这是几何学知识在历史上的一次重大应用。埃拉托色尼从资料中得知，阿斯旺附近的塞恩正好在北回归线上。人们告诉埃拉托色尼，夏至那天的中午，在塞恩的深井里能看到太阳的倒影。这表明太阳正好在头顶的正上方，光线与地面垂直，直射向地球的中心。

同是夏至这一天中午，他测量了亚历山大里亚城一根柱子的影子，算出了阳光偏离垂直方向 7.2°。因为阳光是平行直射地面的，所以入射角度的这种差异只能说明一个问题：因为地球是圆的，所以表面才会弯曲。

现在让我们来看一看，埃拉托色尼是怎样运用几何学知识算出地球子午线长度的。这要借助于图形，画两条平行线（图中虚线）：一条表示亚历山大里亚的太阳光线，另一条表示塞恩的太阳光线。画一条通过亚历山大里亚的一根柱子和地球中心的线段，它与当地的光线切割成7.2°角；在塞恩，这条线段在地球中心与光线切割。

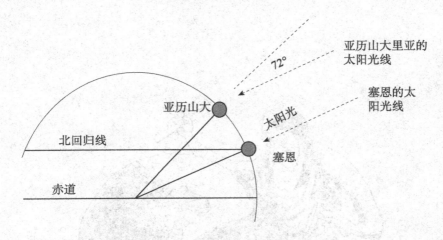

埃拉托色尼对地球大小测量的依据

埃拉托色尼运用几何学知识算出了地球子午线的长度，你不妨借助这个图和有关数据算一下，计算过程并不复杂。

根据平行线内错角相等的知识，埃拉托色尼知道：亚历山大里亚、地球中心、塞恩间的角度也是7.2°，而7.2°正好是360°圆的1/50。

因为塞恩在亚历山大里亚的正南方，所以两地间的道路大体就在跨越南北极的大圆上。当时，人们已经知道，塞恩与亚历山大里亚两地相距480英里^①。埃拉托色尼据此就算出了地球大圆的周长应该是480英里的50倍，即24 000英里（约合38 616千米），这就是地球子午线的长度。

现在我们知道，地球子午线的标准长度是40 008.5千米，即使与这个标准值相比，埃拉托色尼的误差也不到4%。那可是2000多年前测定的结果啊，结果是如此的精确，用"惊人"二字来形容一点也不为过。1700多年后，麦哲伦首次环航地球的信心就来源于此。

---

① 1英里=1.609千米。

数学家埃拉托色尼

作为科学文化中心，亚历山大里亚繁荣了 700 年。在这 700 年的漫长时期，城市建筑、海上贸易、工程建设甚至战争等，都促进了古希腊科学技术的发展，在测量、制图、航海、天文、采矿和力学等方面都取得了很大进展。而在这其中扮演重要角色、做出巨大贡献的就是数学，因为数学是一切科学技术不断取得进步的基石和前提。

三、定义的力量

在古希腊，数学教师同时也讲授法律。这两门课程也是当时学校的主干课程。数学对法律的影响就从古希腊开始，如对事件界定得泾渭分明。法则的精准都是他们在课堂和实践中要解决的问题。好在那时候学生并不多，除了重要的公开演说外，一般情况下都是小班教学。而且，学生可以随时提出质疑和异议，并且要求教师对所有的概念都做出准确的定义。

在科学上，特别是在数学上，下定义可不是一件容易的事情。比如，怎样确切地定义一条直线？怎样给出圆的定义？怎样使别人不会把它们理解成别的图形？对于数学老师来说，这是一项艰巨的任务。

古希腊的学校在日常教学中既承担传承知识的任务，又承担完善知识的任务。在教与学的双向活动中，他们越来越意识到，理解图形的捷径就是首先用工具做出图形。那时候的希腊人规定，画几何图形只能用画线的直尺和画圆的圆规。

在毕达哥拉斯之前，人们已经知道了许多求面积和测角度的知识。可是，谁也没有想到过用推理的方法把这些知识联系起来，找出它们之间的内在关系，并且证明它们是可靠的。那时候的几何知识还是零散的和互不关联的。

大约在公元前 300 年，一个叫欧几里得的几何学家写了一本数学教科书，书的名字叫"几何原本"，这本书是古希腊人在几何学方面自成体系的经典著作。

在后来的 1000 年间，许多古希腊学者的作品丢的丢，毁的毁，再也没有机会以它们的真面目再现古代希腊学术的繁荣。这就是时间的"功绩"，它会淹没很多曾经闪光的和真正有价值的东西，使"永恒"和"不朽"之类的梦想难以成真。看起来有些残酷，那也没有办法。留存下来的只是少数，《几何原本》就是其中之一。

后来，《几何原本》被译成阿拉伯文，并成为当地大学的教科书。直到 20 世纪中叶，欧洲和美洲各国的学校还在用《几何原本》译本作为教科书。在中国也是一样。我们不会忘记徐光启和李善兰在翻译《几何原本》的过程中所做出的杰出贡献。虽然我们没有使用《几何原本》作为教材，但初中数学课本里讲授的几何学的主要内容也来自《几何原本》，可见欧几里得几何学对世界的影响。

可以肯定的是，在毕达哥拉斯那会儿，古希腊人已经知道了以下两条几何法则：①任何三角形的三个内角和等于两个直角；②如果三角形的两个内角相等，则它们的对应边也相等。

由第一个法则可以得知，如果三角形中有一个角是直角，另一个角是 45°，那么第三个角一定是 45°；由第二个法则可以得知，对应于两个 45° 角的边一定相等。他们根据这两条法则，就可以利用阳光测量出地面上的物体高度了。这个艰巨任务让泰勒斯完成了。因为当阳光成 45° 角照射地面时，一根直立在地面上的柱子与它的影子和阳光，恰好组成这样一个三角形，测量柱高就不用爬到柱子上去了。因为柱子和它的影子都对应着 45° 角，二者是等长的，只要量出影长就行了。

当然，这个原理在其他方面也用得着。例如，要在岸上测出海上的船只离岸多远，只要在岸上确定两个点，使一个点与船的连线和海岸成直角，另一个点和船的连线与海岸成 45° 角，那么岸上两点间的距离就是船与海岸的距离。

限于当时的生产力水平，古代人只能采用这种办法，不过现在有更好的测距方法。

由于有 45° 角的要求，这种方法在实际测量中就受到很大限制。所以，在测量金字塔的高度时，古埃及人使用了三角形的另一个法则：任意两个三角形，如果对应角相等，那么各组对应边边长的比也相等（即对应边成比例）。这样，直立在地面上的木杆高度与它在正午时影长的比值，就和金字塔的高度与它在正午时影长的比值相等。木杆的高度和影长，金字塔的影长都可以直接量出来。所以，金字塔的高度根据比例关系就能算出来了。

掌握了对应三角形的法则后，角度限制就没有了，一年四季，不管什么时候，只要有阳光，就能测量金字塔的高度。古埃及人只会应用这个法则，却不能给出严格的证明，这个任务只能留给古希腊人了。

比阿基米德晚 50 年的喜帕恰斯汇集了古希腊几何学的成就，编制了我们现在的正弦表，这一工作对一般工程测量和天文学极为有用。

我们知道，三角形的三个内角和等于两直角。如果三角形中有一个角为直角，一个为已知 ∠A，那第三个 ∠B 就等于直角与 ∠A 的差。∠A 的对边与斜边的比，称为 ∠A 的正弦。这个比，对于包括同样角度（∠A）的所有直角三角形来说都是一样的。

当 ∠A 为 60°、45°、30° 时，由勾股定理就可以确定出正弦值。喜帕恰斯发现了另外的定理，可以算出其他许多角度的正弦值，他的正弦值计算给天文测量和一般工程测量提供了很宽的角度范围。

四、算术的内涵

英语中的"算术"一词来自古希腊语。但是，古希腊语中的"算术"并不是今天数字计算的意思，而很可能是指"数字游戏"。

那时候最著名的是所谓的三角数字 1、3、6、10 等。它们是按 1、1+2、1+2+3、1+2+3+4 等规律组成的。

其实，要说出其中某个数是多少的办法很简单。比如要求第五个数，就用（5＋1）去乘5，然后除以2，结果是15；要求第二十个数，就用（20＋1）去乘20，然后除以2，结果是210。根据这个原则，就能说出这组数中的任意一个是多少了。

毕达哥拉斯青年兄弟会的成员都知道这一秘密，但他们发过誓，决心保守秘密。那时候没有知识产权，他们只能靠这样的方式维护自己的知识产权。这也没有什么可责备的。

石子游戏也是古希腊人的最爱。闲来没事，他们就通过玩这种游戏消磨时间。可能就是在玩游戏的过程中，古希腊人找到了求连续奇数的和的方法。从1开始，连续10个奇数的和是$10 \times 10 = 100$；要是增加到20个奇数，那和为$20 \times 20 = 400$。不信你自己试试，先试几个小一些的，看看有没有例外。

还有一种数字游戏就更有意思了。在数学发展史上，这种游戏也很著名，我们常把它叫作芝诺诡辩。芝诺是一个很有才能的数学家。他给他的门徒讲了这个数学游戏：传说中，阿基里斯是古希腊善跑的神，要是让他和乌龟赛跑，并假定他的速度为乌龟的10倍。乌龟先出发了100米。然后，阿基里斯开始追赶乌龟。当阿基里斯跑完这100米时，乌龟已经向前走了10米；当阿基里斯跑完这10米时，乌龟又向前走了1米……阿基里斯的速度再快，走过一段距离总得花一段时间，而在这段时间里，即使乌龟的速度再慢，也总要走出一段距离来。这样说起来，阿基里斯是永远追不上乌龟了。

但每一个人都坚信，阿基里斯肯定会超过乌龟。因此，上面的数字游戏只是一个诡辩，这就是人们常说的芝诺诡辩。实际经验告诉我们，阿基里斯不仅会超过乌龟，而且用不了多长时间。但在很长时间里，那些被这一诡辩绕进云里雾里的门徒不知道问题出在了哪里，当然也就不知道怎样才能驳倒芝诺的诡辩了。

芝诺的这个诡辩当然站不住脚。今天，这不过是个小儿科问题，如果考虑物理上的速度和数学上的极限概念，解决这一问题就会很容易。这里，就把这个问题留给读者们吧。

五、代数学的创始人——丢番图

在一定程度上，古希腊数学几乎就是指古希腊几何学，因为古希腊数学家探究的目光几乎都瞄准空间领域。直到古希腊化时代的晚期，古希腊文明即将衰落之际，才出现了一位伟大的代数学家——丢番图（Diophantus，约 246—330 年）。

公元 3 世纪中叶，丢番图生活在亚历山大里亚城。一本希腊古书记载了丢番图的生平：他一生，童年时代占 1/6，青少年时代占 1/12，再过一生的 1/7 他结婚，婚后 5 年有了孩子，孩子只活了他父亲一半的年纪就死了，孩子死后 4 年，丢番图也死了。

这个谜语一般的文字给丢番图的人生披上了一层神秘的面纱。看到这里，你当然想知道，丢番图活了多少岁。这是个简单方程，不妨自己一试。

虽然丢番图没有留下更多的人生故事，但他写的 6 卷本数学著作《数论》却流传至今。书中收集了 189 个代数问题，与古巴比伦时期或古代中国纯应用性的算术解题不同，丢番图在第一卷中先给出了有关的定义和代数符号说明。

特别有意义的是，他首先提出了三次以上的高次幂的表示法，这在古希腊数学史上是具有划时代意义的，因为三次以上的高次幂没有几何意义，从前的古希腊数学家是不会考虑它们的。这表明，代数学开始作为一门独立的学科出现了。

除第一卷外，《数论》中的问题大多是不定方程，主要是二次和三次方程。例如，将一个平方数分为两个平方数之和，对这类问题，丢番图并未给出一个一般的解法，但他首次大量地研究了不定方程问题。今天，人们还把整系数的不定方程叫作"丢番图方程"，以纪念这一伟大数学家。

丢番图和他同时期亚历山大里亚其他数学家在算术、代数方面的工作，与古希腊几何学家的风格迥然不同。前者注重研究个别问题，后者则注重演绎结构和推理规则。

代数学在亚历山大里亚的兴起，形成了古希腊数学的另一个分支，丢番图就是这一分支的创始人。

六、阿波罗尼的圆锥曲线

人们常把欧几里得、阿基米德和阿波罗尼（约前 262—前 190 年）并称为古希腊（其实是希腊化时代）三大数学家，可见这三个人成就的不同凡响。

公元前 262 年，阿波罗尼出生在小亚细亚西北部的帕加，这个地方今天属于土耳其。阿波罗尼比欧几里得晚了约一个世纪。

青年时期，阿波罗尼来到亚历山大里亚游学，据说他的老师的老师是欧几里得的学生。如果说阿基米德是欧几里得的徒弟，那阿波罗尼就是欧几里得的徒孙了。他们共同庇荫在欧几里得这棵大树下，研究历史传承下来的数学。

欧几里得以综合前人的数学知识、以教书育人为己任。那样当然好，通过自己的广博知识和广泛涉猎影响别人，最终影响历史。

阿波罗尼却另辟蹊径，他一生主要研究圆锥曲线。他在圆锥曲线这一领域进行精深加工，把自己的研究工作提升到了很高的层次，这就是他能与欧几里得和阿基米德并驾齐驱的根本原因。

所谓圆锥曲线就是用平面在圆锥体上截出的平面图形，是柏拉图学派发现的，不过柏拉图的弟子们不知道曲线有两支，但阿波罗尼知道。

阿波罗尼和他的圆锥曲线

　　古希腊数学最突出的三大成就是：欧几里得的几何学、阿基米德的穷竭法和阿波罗尼的圆锥曲线论。这三大成就标志着当时希腊数学的主体部分——算术、代数、几何已经基本建立起来了。

　　用纯几何的方法可以处理圆锥曲线，但过程相当复杂，今天已经不再这样做了，我们完全可以用解析几何的方法得到有关定理，而且还很容易。

　　阿波罗尼表现出了高超的几何思维能力，他对圆锥曲线的研究拓宽了几何学的视野，带领古希腊数学登上了一个极限高度，也启发了后世数学家的研究思路和方法。

第六章

万物皆数
——毕达哥拉斯的故事

无论是揭示外在物质世界，还是描写内在精神世界，都不能没有数学。最早悟出数的重要性，认为万事万物背后都是"数的法则"在起作用的人，是生活在 2500 年前的毕达哥拉斯。

毕达哥拉斯的故事带有某种神秘色彩，包括他的哲学，但他的数学成就是实实在在的。我们最熟悉的勾股定理就是毕达哥拉斯发现的。

一、求 学 之 路

　　毕达哥拉斯（Pythagoras，前 580—前 497 年）出生在爱琴海中的萨摩斯岛（今希腊东部的一个小岛），自幼聪明好学，曾在名师门下学习几何学、自然科学和哲学。后因为向往东方的智慧，历经千辛万苦、跋山涉水来到古巴比伦、古埃及和古印度，学习东方文明，吸收了阿拉伯文化和古印度文化的精髓。

　　萨摩斯岛是爱奥尼亚群岛的主要岛屿城市之一，毕达哥拉斯出生的时候，萨摩斯岛正处于极盛时期，在政治、经济、文化等方面都遥遥领先于古希腊本土的各个城邦。毕达哥拉斯的父亲是一位商人。9 岁时，父亲送他到提尔，跟随闪族叙利亚学者学习。在这里，他接触了东方的宗教和文化。以后他又多次随父亲商务旅行，足迹远达小亚细亚。

　　公元前 551 年，毕达哥拉斯来到米利都、得洛斯等地，拜访了一些数学家和天文学家，师从泰勒斯、阿那克西曼德和菲尔库德斯。在此之前，他跟随萨摩斯的诗人克莱菲洛斯学习过诗歌和音乐。

　　公元前 550 年，30 岁的毕达哥拉斯因宣传理性神学、穿东方人服装且蓄上头发，引起当地人的反感。从此，萨摩斯人一直对毕达哥拉斯有成见，认为他标新立异，鼓吹邪说。

　　毕达哥拉斯被迫离家前往古埃及，途中他在腓尼基各沿海城市停留，国王阿马西斯推荐他入神庙学习当地神话和宗教。在古埃及，毕达哥拉斯学习了象形文字、古埃及神话、历史和宗教，并传播了古希腊哲学。

二、建 立 学 派

49 岁时，毕达哥拉斯返回家乡萨摩斯岛，开办学校讲学，但是没有达到预期的成效。为了摆脱当地君主的暴政，他与母亲带着唯一的一个门徒离开萨摩斯岛，移居西西里岛，后来定居在克罗托内。在那里，他广收门徒，建立了一个宗教、政治与学术合一的团体。这个团体后来便发展成为毕达哥拉斯学派。毕达哥拉斯学派也称"南意大利学派"，其成员大多是数学家、天文学家和音乐家。他们要接受长期的训练和考核，遵守很多的规范和戒律，并且宣誓永不泄露学派的秘密和学说。

毕达哥拉斯经常发表演讲，他的演讲引起了社会各阶层的注意。经常有很多上层社会人士来参加演讲会。按当时的风俗，任何公开的会议，都禁止妇女出席，毕达哥拉斯打破常规，允许她们前来听讲。

热心的女听众中，有一个叫茜雅娜（Theano）的漂亮女孩，二十几岁的样子，据说她是典型的古希腊美女，有着白皙的皮肤、挺直的鼻梁和高挑的身材。毕达哥拉斯近水楼台先得月，不知使用了什么魔法，把这个漂亮女孩娶回了家。据说茜雅娜后来也成为一个数学家，还给毕达哥拉斯写过传记，可惜已经失传了。不然，我们还可以沿着这一个线索，窥测毕达哥拉斯人生的另一面。

毕达哥拉斯学派不仅有男性成员，也有女性成员，而且他们的地位一律平等，一切财产公有。学派的组织纪律很严密。每个成员都要在学术上达到一定水平，加入这个学派还要经历一系列神秘的仪式，目的是达到"心灵的净化"。

毕达哥拉斯学派的教徒奉"数"为偶像。毕达哥拉斯相信，神用"数"创造了宇宙万物，因此通过对数的研究，就可以了解宇宙的奥秘，也能更接近神。这是毕达哥拉斯的信仰，也是这一学派的教条。

这个学派相信，依靠数学可以使灵魂升华，灵魂升华后就可以与上帝融为一体。这个学派认为，万物都包含数，甚至万物都是数，上帝通过数来统治宇宙。这是毕达哥拉斯学派和其他教派的主要区别。

直到公元前4世纪中叶，毕达哥拉斯学派的影响力逐渐减弱，算起来，这个学派前后存在了两个世纪。

三、数的艺术

毕达哥拉斯学派认为，"1"是数的第一原则，是万物之母，也是智慧；"2"是对立和否定的原则，是意见；"3"是万物的形体和形式；"4"是正义，是宇宙创造者的象征；"5"是雄性与雌性的结合，也是婚姻；"6"是神的生命，是灵魂；"7"是机会；"8"是和谐，也是爱情和友谊；"9"是理性和强大；"10"包容了一切数目，是完满和美好。

在今天看来，这种理解当然有些幼稚，但在2500年前，能有这样的思想已经很不容易。在这里，我们只是了解数学的历史与数的艺术和文化，根本没有必要去理毕达哥拉斯学派的机械和教条。

在毕达哥拉斯看来，数为宇宙提供了一个理念模型。他把数理解为自然物体的形式和形象，数是一切事物的根源。因为有了数，才有了几何学上的点，有了点才有了线，有了线才能形成面和立体，有了立体才有火、气、水、土这四种元素，最终才会有万物。所以，数在物之先。自然界的一切现象和规律都是由数决定的，都必须服从"数的和谐"，即服从数的关系。

毕达哥拉斯对数的研究就是早期的数论。他通过说明数和物理现象之间的联系，进一步证明了自己的理论。毕达哥拉斯学派把数的抽象概念提高到一个突出的位置。他曾证明用三条弦发出某一个乐音，以及它的第五度音和第八度音时，这三条弦的长度之比为 6：4：3。他认为，和谐的宇宙由此构成，而这也是奏出天体音乐的基础。

他从球形是最完美几何体的观点出发，认为我们脚下的土地是球形的，他提出了太阳、月亮和行星均做圆周运动的思想。他还认为，10 是最完美的数，所以天上运动的发光体必然有 10 个。

在几何学方面，毕达哥拉斯学派证明了"三角形内角之和等于两个直角"的论断；他发现了正五角形和相似多边形的画法；他还证明了正多面体只有五种，这五种分别是正四面体、正六面体、正八面体、正十二面体和正二十面体。

毕达哥拉斯发现了数在音乐中的重要性，数学名词里的"调和中项"与"调和级数"仍然保存着毕达哥拉斯为音乐和数学之间所建立的那种联系。我们至今仍然说数的平方与立方，这些名词就是从毕达哥拉斯那里来的。

在音乐方面，毕达哥拉斯把音程的和谐与宇宙星际的和谐秩序相对应，把音乐纳入他的以数为中心、对世界进行抽象解释的理论之中。他对弦长比例与音乐和谐关系的探讨是人类早期最有价值的思想之一。

作为宗教先知和纯粹数学家，毕达哥拉斯对后世产生了很大影响。

四、勾 股 定 理

有一次，毕达哥拉斯应邀参加一位政要的餐会，大家坐在主人豪华的餐厅里等着上菜，可是菜迟迟端不上来，有些贵宾已经是饥肠辘辘了。餐厅的地上铺着正方形地砖，而且是非常漂亮的大理石。善于观察和思考的毕达哥拉斯不是盯住桌面，而是凝视着脚下这些排列规

数学家毕达哥拉斯

则、美丽豪华的方形地砖。

　　毕达哥拉斯不是在欣赏地砖的美丽，而是想到它们和"数"之间的关系，他顺手拿了一支画笔，蹲在地上，选了一块地砖，以它的对角线 AB 为边画了一个正方形，他发现这个正方形的面积恰好等于两块地砖的面积之和。

　　毕达哥拉斯非常好奇。他再以两块地砖拼成的长方形的对角线画另一个正方形，发现这个正方形的面积等于 5 块地砖的面积，也就是以两股（勾股定理的股）为边作正方形的面积之和。

　　菜还没有端上来，一个著名定理就将要"浮出水面"。

　　于是，毕达哥拉斯进行了大胆的假设：任何直角三角形的斜边的平方恰好等于另外两个直角边的平方和。那一顿饭，这位古希腊数学大师最大的收获就是发现了勾股定理。那一顿饭，他的视线自始至终都没有离开过地面。

　　勾股定理是余弦定理的一个特例。这个定理在中国又被称为"商高定理"，在外国称为"毕达哥拉斯定理"或"百牛定理"。

　　在《周髀算经》中，通过一段假托商高与周公的对话介绍了勾股定理。对话中，商高对周公说："……故折矩，以为勾广三，股修四，径隅五。"商高那段话的意思就是，当直角三角形的两条直角边分别为 3（短边）和 4（长边）时，径隅（弦）则为 5。以后人们就简单地把这个事实说成是"勾三股四弦五"。这就是中国版的勾股定理，也有非常悠久的历史。

　　不过，最早的证明应归功于毕达哥拉斯。他用演绎法证明了直角三角形斜边平方等于两直角边平方之和。

　　后来，毕达哥拉斯又研究了这样两个问题：①这个规律是否对所有的直角三角形都成立？②符合这一规律的任何三角形是否一定是直角三角形？这是一个非常重要的问题，但是解决这个问题比提出这个问题更加重要。

　　毕达哥拉斯搜集了许许多多的例子，没有发现一个例外，也就是说，勾股定理可以放之四海而皆准。据说，为了庆祝自己的这个发现，毕达哥拉斯杀了 100 多头牛，举行了一次大宴会。那要请多少人赴宴啊？不管这个传说可不可信，就当作是历史的花絮吧。后来的人们为了纪念这个重要发现，就把几何学中的勾股定理叫作毕达哥拉斯定理或"百牛定理"。

勾股定理是毕达哥拉斯最伟大的发现。

五、数学高于直感

在科学史的研究中，我们不难体会，大多数科学从它们一开始诞生的时候就和某些错误的信仰形式联系在一起，这就使它们具有一种虚幻的性质。天文学和占星学联系在一起，化学和炼丹术联系在一起。数学看起来还算准确和可靠，还可应用于真实的世界。有的时候，精致的数学模型不一定可靠，虽然它是通过纯粹的思维而获得的。在真实的世界，实验观察必不可少。

所以人们就认为，数学提供了日常经验和感官永不可及的理想。人们经常会有思想高于感官、直觉高于观察的想法。这都是数学的贡献。如果感官世界与数学理想不符，他们首先厌弃的多半都是那个感官世界。

在几何学中，圆是一种理想。但是，没有一个可感觉的对象是理想的。无论我们多么小心谨慎地使用我们的圆规，总会有某些不完备和不规则之处。

一切严格的推理只能应用于与可感觉的对象相对立的理想对象；思想比感官更高贵，而感官知觉的对象却比思想的对象更真实。

神秘主义关于时间与永恒关系的学说，也被纯粹数学挟持。因为数学的对象（如数）如果是真实的话，必然是永恒的，且不在时间之内。这种永恒的对象就可以被想象成上帝的思想。

因此，柏拉图有一句名言：上帝是一位几何学家。古希腊的很多数学家也相信上帝嗜好数学。毕达哥拉斯之后，尤其是从柏拉图之后，数学和数学方法就支配着人们的一切。

毕达哥拉斯开挖了一个思想的池子，在那个池子里养育着古代世界最时髦也最有价值的两样东西——数学和神学。数学和神学的结合开始于毕达哥拉斯，代表了古希腊和中世纪欧洲的宗教哲学特征，甚至一直到近代的康德（1724—1804 年）那里还是这样。

从毕达哥拉斯开始，在一系列哲学家身上，如在柏拉图、圣奥古斯丁、托马斯·阿奎那、笛卡儿、斯宾诺莎和康德的身上，都体现着一种宗教与推理的密切交织，一种道德的追求与对不具时间性的事物之逻辑的崇拜的密切交织。

他开创了证明式的演绎推论意义上的数学。在他的思想中，数学总是与一种特殊形式的神秘主义紧密地结合在一起。在他的影响下，数学一直影响着哲学的发展，这种影响既有深刻的一面，也有不幸的一面。

从哲学方面理解毕达哥拉斯不是一件容易的事情，从数学方面理解毕达哥拉斯更加直观些。也许他离我们太遥远，在他身上，总是交织着真理与荒诞这两样东西，有时候还难分难解。

六、对意义的追寻

公元前 500 多年，毕达哥拉斯建立了一个学派（人们也将其称为毕达哥拉斯兄弟会），以秘密的形式向成员传授数学知识。今天，我们可能很难理解，传授数学知识何必那么神秘？但那是 2000 多年前，古代社会本来就很神秘，再说，毕达哥拉斯给他的兄弟姐妹们传授的不仅仅是数学，还包括别的东西，比如宗教教义和宗教思想。

一个世纪后，雅典出现了学校，学校老师给热血青年讲授法律、政治、演说和数学方面的知识。这样的学校里没有了 100 年前那种神秘的色彩，不论是教师还是学生，授受知识和传播思想都可以公开进行，这种自由思辨之风对数学思想和方法的创新很有益处。

毕达哥拉斯学派更亲近奥菲教义，但由于他们勤于观察和实验，在科学上也取得了一系列非凡的成就。我们知道，欧几里得几何学第一册的第四十七命题现在还被称为毕达哥拉斯定理。

划直角的"绳则"，古埃及人和古印度人早就应用了。但是，一直到毕达哥拉斯时代，才第一次用演绎的方法证明，直角三角形斜边的平方等于另外两个直角边平方的和。在那样遥远的年代能有这样的发现，真是太神奇了。毕达哥拉斯有如此高深的智慧，大概得益于奥菲教义的熏陶吧。

亚里士多德曾说："毕达哥拉斯学派似乎认为数就是存在由之构成的原则，可以说，就是存在由之构成的物质。"由此可以看出，我们所研究的一切，都不过是时空特性的曲折或间接的表现，本质上归因于自然的属性。

毕达哥拉斯认为，宇宙由数字构成。毕达哥拉斯学派提出的宇宙论是神秘的、音乐般和谐的，因而也是生机勃勃的。从赫西俄德离奇古怪的神话宇宙进入毕达哥拉斯井然有序的因果性宇宙，看起来只跨越了一步，实则经历了艰难的过程。

古希腊人擅长哲学，他们从未把科学从哲学中分离出来，因此他们的科学在某种程度上始终是一种对意义的追寻。在宇宙论方面，毕达哥拉斯结合米利都学派及自己有关数的理论，认为存在着许多但有限个世界，并坚持大地是圆形的，不过他抛弃了米利都学派的地心说思想。

毕达哥拉斯对数学的研究还产生了后来的理念论和共相论，即有了可理喻的东西与可感知的东西的区别。在他看来，可理喻的东西是完美的和永恒的，而可感知的东西则是有缺陷的。这个思想被柏拉图发扬光大，并从此一直支配着他的哲学及神学思想。

第七章

几何的梦想
——欧几里得的故事

　　说到欧几里得，我们就会联想到他的《几何原本》。《几何原本》中的内容是欧几里得对其之前那段时间数学成就的综合和汇集。

　　从欧几里得起，数学就已发展成为一个高度公理化的演绎系统。从这个角度看，欧几里得是那个时代几何学的集大成者。

　　虽然《几何原本》的很多内容和今天中学讲授的几何学非常相似，但那是公元前 300 年前创造的啊。

一、学园便是全部的生活

说到几何学，我们首先想到的就是古希腊数学家欧几里得（希腊文：Ευκλειδης，约前 330—前 275 年）和他的《几何原本》。

欧几里得生于雅典。当时的雅典是古希腊文明的中心。欧几里得活跃于托勒密一世（前 323—前 283 年）时期的亚历山大里亚。古希腊浓郁的文化气氛深深地感染了欧几里得，当他还是一个十几岁的少年时，就迫不及待地想进入柏拉图学园学习。几年之后，这一梦想终于实现。那时候的柏拉图学园就是世界上最顶尖的大学，欧几里得的思想不可能不受到深刻洗礼。柏拉图思想对欧几里得的影响就渗透在他后来的研究工作中。

有一天，一群年轻人来到位于雅典城郊外林荫中的柏拉图学园。只见学园的大门紧闭着，门口挂着一块木牌，上面写着："不懂数学者不得入内！"这是当年柏拉图亲自立下的规矩，为的是让学生们知道他对数学的重视，然而这一木牌却把这些求知欲强的年轻人给弄糊涂了。有人在想，正因为我不懂数学，才来这儿学习的呀，如果懂了，还来做什么？正在人们面面相觑、不知进退的时候，欧几里得从人群中走了出来，只见他整了整衣冠，看了看那块牌子，然后果断地推开学园大门，头也没回地走了进去。

柏拉图学园是柏拉图 40 岁时创办的一所学校，这所学校的最显著特点是以讲授数学为主。在学园里，师生之间的教学完全通过对话的形式进行。因此，它能很好地训练学生的抽象思维能力。

数学，尤其是几何学，所涉及对象就是普遍而抽象的东西。它们同生活中的实物有关，但是又不来自于这些具体的实物。因此，学习几何被认为是寻求真理的最有效途径。

"上帝就是几何学家"几乎成为柏拉图的一句口头禅，它也主导了学园的发展方向。越来越多的古希腊民众相信这个说法。他们进入学园，是因为他们喜欢数学，他们喜欢数学，是因为上帝就站在数学的背后，欧几里得对此也深信不疑。

在柏拉图学园，欧几里得全身心地投入到数学王国里。他潜心求索，研究柏拉图的所有著作和手稿，以继承柏拉图的学术为己任。到后来，就连柏拉图的嫡传弟子也没有像他那样熟悉柏拉图的学术思想和数学理论。经过一番深入探究，欧几里得相信，一切现象的逻辑规律都体现在图形中，图形是神圣的。在你不深入其里时，它也是神秘的。训练智慧的最便捷通道就是学习和研究几何学。

通过几年的学习，欧几里得领悟了柏拉图的思想，沿着柏拉图当年走过的道路，把研习几何学作为自己的主要任务，最终取得了非凡的成就。

二、《几何原本》的诞生

人们一般的观点是，最早的几何学起源于公元前 7 世纪的古埃及，后来才传播到了古希腊，在毕达哥拉斯学派那里，就已经为几何学研究做了奠基性的工作。

在欧几里得之前，人们已经积累了许多几何学知识，但这些知识存在一个很大的不足，那就是缺乏系统性。大多数几何学知识是片断的和零碎的，公理与公理之间、证明与证明之间看不出什么很强的联系，更不要说对公式、定理进行严格的逻辑论证和说明了。

后来，随着社会的发展和经济的繁荣，特别是随着农业和畜牧业的发展，大型公共建筑、土地开发和水利工程建设步伐的加快，把那些相对零散的几何学知识加以条理化和系统化，使其成为一个可以自圆其说、前后贯通的知识体系，已经是刻不容缓的任务。这就为创造几何学的系统知识提供了契机，也是历史赋予欧几里得的崇高使命。

使命在召唤着欧几里得。在柏拉图学园，在雅典古城，欧几里得对柏拉图的数学思想，尤其是对他之前的几何学理论做了系统而周详的研究。他敏锐地觉察到了几何学理论的发展趋势。因此他下定决心，要在有生之年完成这一工作。

几年后的一个冬天，欧几里得经过长途跋涉，从爱琴海边的雅典古城来到了尼罗河入海口的亚历山大里亚。在这座新兴城市，欧几里得体验到了异域的文化意蕴。他要在这里实现自己的宏图大志。

在亚历山大里亚的漫长日子里，欧几里得广泛收集了以往的数学专著和手稿，请教了有关学者，并开始著书立说。他在书中阐明了自己对几何学的理解，即使是一个浅显的小问题也不放过。

在写作过程中，亚里士多德的逻辑三段论给他很大启发，欧几里得将它应用到平面几何中。他的几何推理是从少数公理出发，经过推广，得到一系列定理的思维过程。书中的主要内容至今还是演绎系统的成功范例。

数千个日日夜夜忘我的劳动终于结出丰硕的果实，这就是几经易稿而最终定型的《几何原本》，这一年是公元前 300 年。

欧几里得对数学的研究没有任何实用目的，也许正是这种毫无功利性的研究，才使欧几里得不受现实的束缚，全心全意致力于几何的严谨构造，特别是他那非凡的阐释技巧，使得《几何原本》成为完美数学的典范。这种地位一直延续到 19 世纪，直到非欧几何出现。但欧几里得重要的著作不止这一部。

三、《几何原本》的理论框架

《几何原本》的理论框架主要涉及平面几何、立体几何、数论等方面，全书的最后还讨论了穷竭法。总之，《几何原本》几乎包含了几何课程中的所有内容。课本里的初等数学理论和基础知识几乎都能够在《几何原本》里找到，而且还更加的简洁和清晰。

《几何原本》是欧洲数学的基础，书中提出了五大公设，把当时已知的几何知识汇集在一起，形成了一个逻辑化和系统化的知识大厦。《几何原本》被认为是历史上最成功的教科书。

在欧几里得的著作中，《几何原本》是最重要的一部，不论是对于欧几里得本人，还是对于数学来说都是这样。

《几何原本》共分 13 卷。书中包含 5 个"假设"、5 条"公设"、23 个定义和 48 个命题。在每一卷，欧几里得都采用了与前人完全不同的叙述方式，即先提出公理、公设和定义，再由浅到深、由简到繁地证明它们。这使得全书的论述更加紧凑和明快。

在内容安排上，这部著作从前到后同样贯彻了欧几里得独具匠心的设计。它先后论述了直边形、圆、比例论、相似形、数、立体几何及穷竭法等内容。欧几里得也写了一些关于透视、圆锥曲线、球面几何学及数论的作品。其中有关穷竭法的讨论，成为近代微积分思想的来源。这部著作基本囊括了从公元前 7 世纪的古埃及到公元前 4 世纪的古希腊（欧几里得时期）400 多年的数学发展成果，特别是几何学的发展成果。

在 1～4 卷中，欧几里得总结和发挥了前人的思维成果，对直边形和圆做了论述。这几卷是欧几里得最有代表性的工作。

正是在这一部分，欧几里得巧妙地论证了毕达哥拉斯定理（即勾股定理）。这个定理的具体内容是：在直角三角形中，斜边上的正方形的面积等于两条直角边上的两个正方形的面积之和。他的这一证明使勾股定理变得简约和通俗，并迅速传向四方。今天，勾股定理仍然是中学数学教科书中最经典的定理。

根据欧几里得的安排，在几何学中，每个定理都是从一些公理演绎而来的。在这里，所谓的公理就是那些确定的、不需证明的基本命题。在这些演绎推理中，对定理的证明必须以公理为前提，或者以先前就已被证明了的定理为前提，最后得出结论。

欧几里得认为，公理和定理对于实际空间是真实和确定的，而实际空间就是我们生活中能感觉到的部分，是经验中所拥有的部分。这一演绎推理方法后来成了用以建立任何知识体系的严格方式。人们不仅把它应用在数学中，也应用在其他自然科学中，甚至还应用在神学、哲学和伦理学中。

在《几何原本》中，有一段文字提到了丈量金字塔高度的方法。文中写道，当人的身高与其影子正好相等的时候，就可以测量金字塔的高度了。欧几里得说："此时塔影的长度就是金字塔的高度。"据说这解决了当时无人能解的金字塔高度的大难题，也体现了欧几里得善于用简单方法解决复杂问题的能力。

其实，书中记载的这一问题，也不是欧几里得的原创。历史还有另外一个版本的记载。而那件事肯定发生在欧几里得之前。

四、成一家之言

可以肯定的是，《几何原本》里面的内容来源于希腊古典时期，几乎所有的定理都得到了证明。欧几里得的主要贡献是把它们汇集成了一个完美的系统，对某些定理给出了更加简洁的证明。

欧几里得在书中并没有给出详细的注释，说明哪些定理是由哪些数学家完成的，以及完成的时间。其实这些问题只对科学史有用，对科学文化的传承有用，但不影响知识的传播和贯穿，也几乎不影响学校教育和对学生的培养。

说到科学史，据说公元前4世纪后半叶有一个叫欧得莫斯的人写过一部几何学史，记载了到他为止的古希腊数学的发展情况，欧得莫斯是亚里士多德的弟子，他的思想深受这位百科全书式的学者的影响，书中所记不会太离谱的。可是此书早已失传，书中的具体记载也就烟消云散了。

对《几何原本》的编写，欧几里得一定是经过深思熟虑后才动笔的。他在书中先提出定义、公理和公设，然后由简到繁地证明了一系列定理，分析了平面图形和立体图形，还讨论了整数、分数和比例等代数问题。

《几何原本》是一部集前人思想和欧几里得个人创见于一体的著作，它创造了一个奇迹，成就了一种人生，印证了不朽的内涵，也图解了存在的价值。从这本书中，我们可窥测欧几里得的写作笔调，也可以揣摩欧几里得的思想内涵。《几何原本》不仅保存了许多古希腊早期的几何学理论，而且通过欧几里得的系统整理和完整阐述，使这些远古的数学思想发扬光大。《几何原本》开创了古典数论的研究，在一系列公理、定义、公设的基础上，创立了欧几里得的几何学体系，成为用公理化方法建立起来的数学演绎体系的最早典范。

从一些零零星星的记载可以推测，有很多古希腊著名学者对《几何原本》的知识汇集做出过贡献。他们有爱奥尼亚的自然哲学家泰勒斯、阿那克西曼德、阿那克西米尼、阿那克萨哥拉，南意大利学派的毕达哥拉斯和他的弟子们，柏拉图学派的众多弟子们，亚里士多德学派的众多弟子们，还有巴门尼德、芝诺、欧多克斯等。

从这些璀璨群星的工作中，不难体会古希腊科学的普及程度、古希腊学术思想的根深叶茂、古希腊科学精神的博大精深、古希腊数学研究的悠久历史。

但在欧几里得之前，几何学研究都局限于个别问题的讨论，内容不够系统，体系也不够完整。正是欧几里得汇集了前人零散的知识成果，采用了前所未有的独特编写方式，将集体的智慧全部纳入《几何原本》这部巨著。

在很多方面，历史都需要重新审核。因为一些别有用心的人或一些随波逐流的人最容易把标签贴错对象，他们的错误做法甚至还能引起时间的共振，结果就是把那些虚假的光环都重叠到一个人的头上，使普通民众忘记了真实的历史场景。

应该说，《几何原本》里的很多东西都是前人数学才华的闪现，是集体智慧的结晶，很多人都是几何学方阵里的无名英雄。但欧几里得毕竟综合了前人的智慧和知识，形成了一个体系严谨的数学框架。

毫无疑问，《几何原本》是一部传世之作。正是因为有了它，几何学才第一次实现了系统化和条理化，在此基础上，孕育并诞生了一个全新的研究领域——欧几里得几何学，简称欧氏几何。所以，提到平面几何学，我们首先想到的就是欧几里得和他的学术成就。2000多年来，《几何原本》都被看作学习几何的标准课本，欧几里得也被称为几何学之父。

古代科学巨匠阿基米德到亚历山大里亚读书时的学校就是欧几里得创办的，而他的老师柯农又是欧几里得的学生。在这所学校，阿基米德认真研究了数学，写成了《论球与圆柱》一书，这本书的写作参考了《几何原本》的风格。

在生活中，任何民族或个人，都会或多或少地运用一些逻辑和归纳来进行推理。这是一个基本的层次。逻辑若要有用，必须达到这一层次。欧氏几何就能培养你这方面的智慧。你只要这么一想，就能体会到欧氏几何的重要性了。

五、几何学中没有专为国王设置的捷径

欧几里得出生在雅典，接受了古希腊古典数学及其他科学、文化和思想的教育和熏陶。而立之年的欧几里得已经是古希腊社会的杰出知识分子，堪称那个时代的学术精英。只是在成名之后，他才作为人才被引进到了古埃及。

根据普罗克洛（410—485年）的记载，大约在公元前300年，欧几里得应托勒密王的邀请来到亚历山大里亚，在缪塞昂学院研究和讲学。在他的学生中，就有托勒密王。

托勒密王也许感到自己的知识储备不够，跟不上时代的发展与需要，如果不赶快学点新理论的话，自己的决策就有可能出错，而失误的决策会给国家和人民带来损失。

在一个凉爽的下午，他把欧几里得请到了自己的椭圆形办公室，让欧几里得给他讲授几何学。欧几里得讲得专注，托勒密王听得认真，讲了半天，国王也没有听出个所以然来。国王的目光明显充满了迷茫和渴求，他问欧几里得，有没有更便利的方法学习几何学，欧几里得说："在几何学中，没有专为国王设置的捷径。"这句话后来就成了传诵千古的治学箴言。

另据斯托拜乌（约公元 500 年）的记载，有一个学生跟着欧几里得学习几何学，刚学了一个命题，就问欧几里得，学了几何学后会有什么用处，欧几里得听后非常生气，转身对仆人说："给这个学生三个钱币，让他走。他居然想从几何学中捞到实利。"这也是一个很有名的故事，充分说明了欧几里得对几何学习的态度，这也是柏拉图思想对他影响的结果。在科学上，只有非功利的思想才能提升人的境界，几何学也是一样。

做学问不能投机取巧，不能急功近利。否则，就会贻害各方。欧几里得的人生信条是：教育人时，要体现教育家的温良敦厚；做研究时，更应突出严谨的治学精神。

六、《几何原本》传入中国

13 世纪时，《几何原本》曾传入中国，但不久就失传了。1607 年，我国学者重新翻译了前六卷，1856 年，又翻译了后九卷。为此做出突出性贡献的两个中国人，一个是明末科学家徐光启，一个是清代数学爱好者李善兰。

徐光启（字子先，1562—1633 年）是上海吴淞人。他在加强国防、发展农业、兴修水利和修改历法等方面都做出了相当大的贡献。对引进西方数学和历法，徐光启更是不遗余力。那时候，徐光启已经是著名的大学士了，京城的生活圈子大，徐光启认识的人也多，在他认识的这些人中，就包括从海上丝绸之路漂来的三三两两的西方人。

在这些西方人中，意大利传教士利玛窦对徐光启的影响最大。利玛窦虽然是一个传教士，但对传播科学和文化更加热情。这个人对历史的贡献，与其说是宗教信仰的输出，还不如说是科学思想的散布。他的周围聚集着很多科学爱好者，徐光启就是其中之一。

在认识了利玛窦后，徐光启决定和利玛窦一起翻译西方科学著作。着手这项工作之初，他们的思路还有些不一样，利玛窦主张先译天文历法书籍，以博得天子的赏识。但徐光启坚持按逻辑顺序，先译《几何原本》。徐光启深知，《几何原本》有严整的逻辑体系，其叙述方式和中国传统的《九章算术》也完全不同。它和中国传统数学的结构体系大相径庭。

1606 年，他们完成了前六卷的翻译。1607 年，《几何原本》（前六卷）印刷发行。

《几何原本》中译本的一个伟大贡献是确定了研究图形的这门学科的中文名称为"几何"，并确定了几何学中一些基本术语的译名。

"几何"的原文是"geometria"，徐光启和利玛窦在翻译时，取"geo"的音为"几何"，而在中文里，"几何"二字的原意又有"衡量大小"的意思。曹操的诗中就有"对酒当歌，人生几何"（《短歌行》）这样的诗句。把"geometria"翻译成"几何"，做到了音义兼顾，的确是神来之笔。

另外，几何学中的一些最基本的术语，如点、直线、平行线、角、三角形和四边形等中文译名，都是这个译本定下来的。这些译名一直流传到今天，且东渡日本等国，可以说影响相当深远。

就在他们准备把《几何原本》的后九卷翻译工作继续进行下去的时候，发生了一件意想不到的事情，徐光启的父亲不幸去世了。那是1607 年 5 月 23 日。1607 年 8 月初，徐光启请假，扶柩回到上海老家守孝，也叫丁忧。这一去就是三年。在这期间，利玛窦一直待在北京，中间为《几何原本》的事情和徐光启联系过，但都没有进展。三年后，就在徐光启即将结束丁忧、官复原职时，利玛窦却在北京去世。1610 年 12 月 15 日，徐光启回到了北京。此时利玛窦已下葬一月有余。就是因为这个意外，《几何原本》后九卷的翻译工作推迟了200 多年。

1852 年，一个叫伟烈亚力（Alexander Wylie，1815—1887）的英国传教士来到了上海，自幼喜欢数学的浙江海宁人李善兰（字壬叔，号秋纫，1811—1882 年）也来到上海谋生。李善兰在乡村般宁静的黄浦江边与伟烈亚力相识。没过多久，他们就成为好朋友。伟烈亚力与李善兰相约，继续完成徐光启和利玛窦未竟的事业，合作翻译《几何原本》后九卷。1856 年，他们终于完成了这项伟大而艰巨的工作。

想当初，徐光启就意识到了欧氏几何的重要性。在《几何原本》（前六卷）的序言中，徐光启号召国人赶快学习欧氏几何。并且认为百年之后人人习之，又以习之晚也。在当时的环境下，没有几个人能理解他的肺腑之言。

徐光启生活在风雨飘摇、危机四伏的明代晚期。到这时，我国曾经一度领先世界的科学技术明显衰落。当传教士利玛窦将西方的先进科技知识介绍给徐光启时，与徐光启的想法正好不谋而合。在这个背景下，一个译介西洋科技著作的前无古人的创举就拉开了序幕。除了《几何原本》（前六卷），徐光启的重要成果还有《崇祯历书》《农政全书》等。

徐光启心里着急，因为他比别人知道得更多。他当时生活的这块土地，恰好就是专制思想深厚、传统文化浓郁，而创新能力不足。一直到鸦片战争（1840 年）爆发后，中国人才体会到了西方人"坚船利炮"的厉害。"中学为体，西学为用"才不得不提到了议事日程上。

欧氏几何进入学堂并"人人习之"，已经是"五四运动"以后的事了。那时候，青年人以追求民主和科学为人生的最高志向。此时距徐光启又是 300 年，这 300 年里，中国是内忧外患，风雨飘摇。我们只能说，徐光启真是一个大预言家呀。

七、对世界数学的贡献

《几何原本》对世界数学的贡献主要表现在以下三个方面。首先，它建立了公理体系，明确提出所用的公理、公设和定义，由浅入深地揭示了一系列定理，结果就是，仅用少数公理证明了几百个定理。其次，它把逻辑证明系统地引入数学中。欧几里得强调，逻辑证明是确立数学命题真实性的一个基本方法。最后，《几何原本》示范性地规定了几何证明的三种方法——分析法、综合法和归谬法。

《几何原本》精辟地总结了人类长时期积累起来的数学成就，建立了数学的科学体系，使几何学的发展充满了生机和活力，为后继者学习和研究数学提供了课题和资料。2000 多年来，一直被公认为是初等数学的基础教材。

八、影 响 深 远

欧几里得的工作是开创性的，《几何原本》是一部在科学史上流芳千古的巨著，它对后世产生了深远的影响。在《几何原本》诞生后的 2300 年间，被奉为严格思维的范例。

从一些数字中可见《几何原本》对世界的影响。《几何原本》问世后，它的手抄本流传了 1800 多年。印刷术传入欧洲后，有了第一本真正印刷的书。1482 年，首次印刷发行了《几何原本》，此后，重印了大约1000次，还被译为世界各主要语种。先不说语种问题，在我们周围，谁见过重印了 1000 次的书籍？

2300 多年来，《几何原本》一直是学习几何的主要教材。哥白尼、伽利略、笛卡儿、牛顿等许多伟大科学家都曾痴迷过《几何原本》，从中汲取了丰富的营养，从而做出了许多伟大的成就。

《几何原本》是欧几里得一生最伟大的成就。它是集整个古希腊数学成果和哲学精神为一体的历史性巨著。它帮助人类第一次完成了对空间的认识。历史对这本书的评价是，除《圣经》之外，没有任何其他著作，在研究、使用和传播的广泛性方面，能够与《几何原本》相比。

欧氏几何培养了一代又一代知识分子的严谨，甚至还培养了他们追求完美的精神。它是一个理性、客观和充满趣味的知识体系。在那里，体系是一点一滴建立起来的，它不希望你背诵证明题，理解和演绎才是最重要的。

几何证明甚至会激发你在数字和图形王国里建立宏大志向的决心。因此，它对科学发展有巨大的推动作用。几乎所有的科学家在少年时期都是欧氏几何的爱好者，这其中包括莱布尼茨、爱因斯坦，还包括哲学家罗素。

荷兰唯物主义哲学家斯宾诺莎从《几何原本》那里得到灵感，模仿欧几里得的著书范式，从定义和公理出发，建立了他的哲学体系。斯宾诺莎的代表著作就是《用几何学方法作论证的伦理学》（简称《伦理学》）。

牛顿在构思《自然哲学的数学原理》时，首先想到的就是《几何原本》。把牛顿的巨著和欧几里得的巨著做个对比，你很容易发现，两本书无论是结构体例还是写作方式，都有很大的相似之处，当然是牛顿模仿了人家欧几里得。尽管《自然哲学的数学原理》的材料是经验的，但它的形式却完全是欧几里得式的。

在西方思想界和科学界，《伦理学》和《自然哲学的数学原理》堪称典范。

著名科学家爱因斯坦少年时期看到《几何原本》时就被里面的逻

辑体系吸引住了，直至其成名都对此都难以忘怀。他对这本书的评价极高，因为他曾经说过这样的话："世界第一次目睹了一个逻辑体系的奇迹，这个逻辑体系如此精密地一步一步推进，以致它的每一个命题都是绝对不容置疑的。"

从《几何原本》中可见，古希腊人所建立的几何学是从自明的或被认为是自明的公理出发，根据演绎的推理前进，从而达到那些远不是自明的定理。对于哲学和科学方法来说，几何学的影响同样非常深远。

18世纪"天赋人权"的学说，就是一种在政治方面追求欧几里得式的公理。严格的经院形式的神学的体裁也同出一源。在他们的心目中，个人的宗教得自天人相感，神学则源于数学。

第八章

高山仰止
——阿基米德的故事

欧几里得之后，出现了一大批杰出的数学家，阿基米德（约前287—前212年）无疑是其中最伟大的一位。阿基米德在纯数学和应用数学方面都有贡献，他之所以广受尊重，是因为其完美的数学证明。

阿基米德发展了穷竭法，并将其应用于面积和体积的计算，包括被抛物线段所包围的面积、某些螺旋线所包围的面积、球的表面积和体积。这些成果体现在他的一些重要数学著作中。他改进了 π（圆的周长与直径之比）的计算值，提出 π 的值必定在 223/71 和 22/7 之间。

他对数学和物理学的发展产生了深远的影响。文艺复兴以来，阿基米德的著作被重新发现和发表，他的科学思想和哲学思想焕发出更加灿烂的光泽。你是不是觉得这个人很神奇呢？

阿基米德绝不是一个简单人物，在初中数学和初中物理中都会被提及，因为他在这两个领域都做出了不平凡的成就。

公元前287年，阿基米德出生在南意大利西西里岛的叙拉古。他的父亲是一位天文学家，在父亲上班的地方，有一些看天的仪器，它们古朴、耐用，有时候还很灵验。阿基米德从小就耳濡目染，知道了很多天文知识。这对他后来的成长非常有利。

像当时许多渴求知识的青年一样，18岁的阿基米德也来到亚历山大里亚，成为这个古代世界学术中心的一员。他的老师柯农正好是欧几里得的弟子。在这里，阿基米德如饥似渴地细心研读几何学知识。

几年之后，阿基米德学成归国，回到了他的故乡叙拉古。据说，叙拉古国王希龙二世是他的亲戚。国王发出的邀请，他不可能不考虑，况且还是他的亲戚。阿基米德肯定还有一种要把自己所学的知识贡献给祖国的美好愿望。

一、成绩卓著

阿基米德流传于世的数学著作有十余种，多为希腊文手稿。他的著作集中探讨了求积问题，主要是曲边图形的面积和曲面立方体的体积，其写作体例深受欧几里得《几何原本》的影响，先是设立若干定义和假设，再依次证明。

作为数学家，他写出了《论球和圆柱》《圆的度量》《抛物线求积法》《论螺线》《论锥型体和球型体》《沙粒计算》等数学著作。作为物理学家，他著有《平面图形的平衡或其重心》《论浮体》《论杠杆》等力学著作。

在《平面图形的平衡或其重心》中，阿基米德从几个基本假设出发，用严格的几何方法论证了力学的原理，求出了若干平面图形的重心。《抛物线求积法》研究了曲线图形求积的问题，并用穷竭法建立了这样的结论："任何由直线和直角圆锥体的截面所包围的弓形（即抛物线），其面积都是其同底同高的三角形面积的三分之四。"他还用力学权重方法再次验证了这个结论，将数学与力学成功地结合起来。在《论螺线》中，阿基米德明确提出了螺线的定义，以及对螺线面积的计算方法，在这部著作中，阿基米德还推导出了几何级数和算术级数求和的几何方法。所以说，《论螺线》是阿基米德对数学的一大贡献。在《论锥型体与球型体》中，阿基米德计算了抛物线和双曲线绕轴旋转而成的锥形体的体积，以及椭圆绕其长轴和短轴旋转而成的球形体的体积，由此确定了一种计算方法。

因为天文学与数学的关系密切，所以顺带介绍一下阿基米德在天文学方面的出色表现。他设计制造了一些天象仪。阿基米德认为地球是圆球状的，并且还围绕着太阳旋转。

1543年，哥白尼发表了《天体运行论》，书中才提出了"日心说"。限于当时的条件，他并没有就这个问题展开深入系统的研究，也可能仅仅是一个猜测。能在公元前3世纪提出这样的见解，是非常了不起的。

我们知道，对每一个问题都进行精确、合乎逻辑的证明是古希腊科学的精髓。和雅典时期的众多科学家不同的是，阿基米德既重视科学的严密性和准确性，也不忽视科学知识的实际应用。

阿基米德非常重视试验，常常亲自动手制作。他一生设计、制造了许多仪器和机械，除了杠杆系统外，值得一提的还有举重滑轮、灌地机、扬水机及用在军事上的抛石机等。

欧几里得对阿基米德的研究工作产生了很大影响。他一般是先假设，再通过严谨的逻辑推论得到结果。阿基米德不断地寻求一般性的理论在工程上的应用，所以说他是古希腊的第一位工程师。他的作品始终融合了数学和物理思想。所以说，阿基米德也是物理学之父。

二、与 圆 有 关

在数学上，阿基米德最主要的贡献是关于求面积和体积的工作。在他之前，古希腊数学不重视算术计算，关于面积和体积，数学家们顶多证明一下两个面积或体积的比例就算完事，而不再算出每一个面积或体积究竟是多少。当时，连圆面积都算不出来，因为数学家们还不知道 π 的概念及其精确的数值。从阿基米德开始，算术和代数逐渐发展成为一门独立的数学学科。

《论球和圆柱》是阿基米德的得意之作，书中有多项重大成就。他在书中从几个定义和公理出发，推出了关于球与圆柱面积、体积计算的 50 多个命题。在《论球和圆柱》中，阿基米德熟练地运用穷竭法证明了球的表面积等于球大圆面积的四倍；球的体积是一个圆锥体积的四倍，这个圆锥的底等于球的大圆，高等于球的半径。

著名的"阿基米德公理"就出现在这部著作中。阿基米德公理指出：任一球的面积是外切圆柱表面积的三分之二，而任一球的体积是外切圆柱体积的三分之二。这是一个非常经典的发现，让人惊讶于阿基米德的才华，他是怎么沉思冥想了一番，才捣鼓出来这么富有数学的和谐感和深藏着哲学玄机的定理。他一定是采用了命题证明的法则。

人们说，这个定理是从球面积等于大圆面积的四倍这一定理推出来的。但在那时候，似乎太不可思议。当然，最笨的办法是比对验证，比如说体积的比对验证就相对容易些，但那有些脱离了数学的严谨、学术的规范和逻辑的判断。

所以，这一发现就非常了不起，也一定是阿基米德一生的最爱。

难怪阿基米德在临终前都没有忘记这一定理，他要求人们把这一定理刻写在自己的墓碑上。

我们知道，只有直边形的面积及直边体的体积才可以用算术简单地算出，而曲面的面积及由曲面的运动构成的三维体的体积都无法直接算出。

欧多克斯发明了穷竭法来解决曲面面积问题，阿基米德把欧多克斯的穷竭法发展和推进到了一个新的高度。他关于球面面积和球体体积的定理大多是用穷竭法证明的。所谓穷竭法就是用内切和外切的直边形不断逼近曲边形，这是近代极限概念的直接先驱。说起来简单，思维方法也古朴，其实就是一个不断逼近的过程。但做起来却相当麻烦，没有极大的耐心，最好去做点别的事。

阿基米德正是用圆内接多边形与外切多边形边数增多、面积逐渐接近的方法，比较精确地求出了圆周率 π。这是穷竭法这一古朴的数学思想在计算圆周率 π 方面的成功运用。他从正六边形的周长开始，一直计算到正九十六边形的周长，得到了 π 的值，这一成果就写在《圆的度量》中。阿基米德利用圆的外切和内接九十六边形，求得圆周率 π 的值为 223/71<π<22/7。这是一个误差限度非常明确的 π 值。

说到圆周率，我们就想起了魏晋南北朝时期的刘徽和祖冲之。但阿基米德的圆周率是世界上最早的。阿基米德还使用穷竭法证明了一个重要结论，即圆面积等于以圆周长为底、半径为高的等腰三角形的面积。除了球面积和球体积的计算，阿基米德还在抛物面和旋转抛物体的求积方面做了开创性的工作。

在几何学方面，阿基米德利用"逼近法"确定了抛物线（弓形）、螺线、圆形的面积，以及椭球体、抛物面体等各种复杂几何体的表面积和体积的计算方法。其中涉及抛物线的一些性质。后世数学家在阿基米德"逼近法"的基础上，再加以发展，就形成了近代的"微积分"。

阿基米德研究了螺旋形曲线的性质，现今的"阿基米德螺线"就是为纪念他而命名的。

在推演这些公式的过程中，阿基米德进一步发展了欧多克斯发明的"穷竭法",即用内接和外切的直边图形不断地逼近曲边形以用来解决曲面面积的问题,也就是我们今天所说的逐步近似求极限的方法,因此阿基米德被公认为是微积分计算的鼻祖。

三、沙 粒 计 算

在数学方面,阿基米德的另一个重要贡献是创造了一套计大数的方法,他写了一本书——《沙粒计算》(也有译为《恒河沙数》或《砂粒计算者》),书中记载了他的这种方法。

当时的古希腊人用字母计数,这种计数法对很小的数字还能凑合,但碰到很大的数字,几乎就无能为力。写在纸上的那些奇奇怪怪的字母,既不便于认,又不便于记。面对古希腊烦冗的数字表示方式,阿基米德想寻求一个突破。

在《沙粒计算》中,阿基米德指出,如果宇宙中充满了沙子,数目一定是一个惊人的数字,他的目的就是把它表示出来。

《沙粒计算》是专门讲计算方法和计算理论的一本著作。在关于充满宇宙大球体的沙粒数量的计算方面,阿基米德运用了很奇特的想象力,建立了新的量级计数法,确定了新单位,提出了表示任何大数量的模式,这与后来的对数运算密切相关。

在《沙粒计算》中,他设计了一种可以表示任何大数目的方法,简化了计数的方式,纠正了当时普遍流行的"沙子是不可数的,即使可数也无法用算术符号表示的"错误看法。阿基米德首创的这一计大数的方法,突破了当时用希腊字母计数不能超过1万的局限,并用它解决了许多数学难题。

阿基米德还提出过一个"群牛问题",其中含有八个未知数。最后归结为一个二次不定方程。作为方程的解,最后的数字共有20多万位,可说是大得惊人了。

四、不要动我的图

阿基米德的晚年正好赶上了古罗马向外扩张的重要时期，公元前3世纪末，古罗马和古迦太基正打得不可开交，这场战争也把叙拉古牵扯进来。

古罗马是意大利北部的新兴国家，很快就征服了整个意大利，其势力范围扩展到了地中海海域。古迦太基的主要部分位于今天北非的突尼斯，是同时期可以和古罗马相抗衡的强国，古迦太基人爱冒险，有生意头脑，曾经垄断了西地中海海域的商业贸易。

更早的时候，当古希腊还比较强大的时候，为了对抗古希腊人，古罗马和古迦太基曾经联手，使古希腊在频繁的战争中元气大伤。随着古希腊势力的削弱，古罗马和古迦太基之间的矛盾就开始显现。两个国家为了西西里岛明争暗斗，后来发展到了公开战争，这就是历史上著名的布匿战争。布匿战争一共打了三次。

而叙拉古就在西西里岛上，这使它想洁身自好、超然物外都不可能。像叙拉古这样的小国，要想在战争的狭缝中生存下去，要想在硝烟弥漫中独善其身无异于白日做梦。要想延续国脉，它只能依附于身边的强国。

最初的时候，叙拉古投靠古罗马。在古罗马的保护下，叙拉古的小日子也还比较滋润。公元前216年，古迦太基著名的军事统帅汉尼拔将军率领他的部队大败古罗马军队，战争形势似乎在一夜之间发生了变化。一时间，古迦太基好像很强大，为了生存下去，叙拉古需要重新权衡天下形势。叙拉古的新国王、希龙二世的孙子希龙尼姆有些着急，他急着要跟古迦太基结盟。这一下就惹恼了古罗马。

古罗马虽然战败，但很快恢复了元气，缓过气来的古罗马掉转枪头，大军压境，如惊弓之鸟的叙拉古仓促应战。在这次保卫叙拉古的战争中，阿基米德利用数学、物理和工程知识大显身手，为保家卫国谱写了一段可歌可泣的赞歌，阿基米德本人也在这场战争中英勇牺牲。

当时，古罗马军队在马赛拉斯将军的率领下，从海路和陆路同时进攻叙拉古。据说阿基米德运用杠杆原理造出了一批投石机，有效地阻止了古罗马人的攻城；还有人说，阿基米德发明的大吊车把古罗马军舰直接从水里提了起来，使海军根本接近不了叙拉古城；还有人说，在战争的关键时期，阿基米德召集全城所有的妇女老幼，手持镜子排成一个扇面形，类似一个"聚光镜"，将敌人的舰只全部烧毁。

这些致命武器都是古罗马人以前闻所未闻的新式武器，威力巨大。一提到阿基米德，古罗马人就胆战心惊，好像阿基米德是一枚能够精确打击敌人的战略远程导弹，古罗马人把阿基米德叫作"几何妖怪"，这个绰号透露出了古罗马人对阿基米德的无限敬畏，除此之外，可能还含有古罗马人对阿基米德的无限愤恨。

正是靠阿基米德的智慧，叙拉古城坚守了整整 3 年，古罗马将军马赛拉斯一时间有些无可奈何，他苦笑着说："这是一场罗马舰队与阿基米德一个人的战争。"叙拉古城久攻不下，马赛拉斯干脆来个围而不攻，他要等到叙拉古城里弹尽粮绝的那一天。

这一天终于到来了。从叙拉古城里逃出来的人说，叙拉古城的粮食即将耗尽，已经支撑不了几天了。马赛拉斯立即发出了总攻命令，要求士兵一定要活捉阿基米德。

城破之后，古罗马士兵直奔阿基米德的家，这时阿基米德正在沙堆旁专心致志地研究一个几何问题。见了仇人，分外眼红，古罗马士兵双手紧握宝剑，早已经把马赛拉斯将军的命令遗忘在了九霄云外。就在他要越过沙堆时，阿基米德说："不要动我的图！"

话音未落，古罗马士兵的剑已经砍了下去。就这样，一颗数百年甚至千年才能一遇的脑袋就掉在了地上。消息传来，马赛拉斯十分悲痛，他深知阿基米德的价值。他命令处决了这个士兵。

"不要动我的图！"是阿基米德的一句名言，也是他留给世界的最后声音。从中可见他对科学的执着。在国破家亡之际，他依然是那么镇静。一般人很难做到这一点。

阿基米德的牺牲使文明崇智的古希腊成为历史，接替它的却是一个野蛮尚武的古罗马。

不要动我的图

阿基米德虽然牺牲，但他的智慧和人格魅力却征服了古罗马。没过多久，古罗马人就为阿基米德修建了一座颇为壮观的陵墓，在墓碑上刻的正是球内切于圆柱的图形，这个图形是阿基米德一生的最爱。同时刻在墓碑上的还有一句话："圆柱内切球体的体积是圆柱体积的三分之二。"这也是阿基米德推导出的定理之一。

五、物是人非

时过境迁，阿基米德的墓碑在寒烟衰草中就那么衰落着。叙拉古人似乎忘记了，在他们的历史上，还有阿基米德这么一位伟大的科学家。

又过了 100 多年，公元前 75 年，古罗马著名的政治家和作家西塞罗（Marcus Tullius Cicero，前 106—前 43 年）在西西里担任财务官。有一天，坐在办公室里的西塞罗忽然想起了阿基米德，他想去凭吊这位伟人。

当地居民却不知道墓在哪里。没有办法，西塞罗雇了几个人，在野草丛生的荒凉之地，他们借助于镰刀披荆斩棘，在一条小径的尽头，终于发现了一座淹没在杂树野草中的墓碑，上面刻着的球和圆柱的图案虽然经过多年风雨的侵蚀，却依稀可见。这位伟大的老人家终于又出现在了人们的记忆里。

六、身后盛名

阿基米德是人类历史上不多的几个伟大数学家之一。虽然他的墓碑在枯树野草中几经淹没，但他的数学光辉却不会褪色。

阿基米德是古代世界最富传奇色彩的科学家，他的数学思想闪耀着灿烂的光辉。他的几何著作是古希腊数学的顶峰。他把欧几里得严格的推理方法和柏拉图丰富的想象与思辨色彩和谐地结合在一起，达到了至善至美的境界。

他的数学思想就躺在他的羊皮书里，那些尘土覆盖的手抄本中蕴含着微积分的观念。他所缺少的是极限概念，但其思想实质却延伸到了 17 世纪趋于成熟的无穷小分析领域。所以说，微积分的诞生有阿基米德的一份功劳。

阿基米德是理论天才，也是实验天才。他就是一个理想的化身。后世伟大的数学家或科学家中，能与阿基米德齐名的并不多见，有人将阿基米德与欧几里得、阿波罗尼并列为古希腊三大数学家，也有人把他与牛顿和高斯相提并论，认为他们是有史以来最伟大的三个数学家。

即使是牛顿和爱因斯坦，也都从他身上汲取过智慧和灵感，文艺复兴时期的达·芬奇和伽利略等都拿他来作为自己的榜样。另外，开普勒、费马、莱布尼茨等也是站在他的肩膀上，才攀登上了一个又一个数学高峰。如果要寻找微积分的起源，你不得不从阿基米德那里开始。

第九章

贵在传承
——古印度和阿拉伯
世界的数学

　　公元 3 世纪末，古印度代数学和几何学取得了很大进展；公元 5 世纪初，古印度数学家提出了零的概念，也有相应的符号表示。古印度数学家的发明创造还有很多，特别值得一提的是，古印度人那时候就知道用算术级数的求和方法计算圆周率，他们算出的值是 3.1416。

　　世代游牧在阿拉伯荒原上的原住民的数学知识相对不足，但他们善于借鉴，在汲取了古希腊和古印度的数学成就后，阿拉伯人发展了自己的数学体系——代数。代数是阿拉伯数学的最大特色，但其缺陷也一目了然，那就是他们在论述代数问题时，几乎都是文字表述。

一、古印度的数学

古印度位于亚洲南部。每到春天的时候，北边喜马拉雅山上的积雪开始融化，聚集成五条急流，汇总流入印度河。很早以前，在富饶的印度河谷地，就出现了达罗毗荼人，他们创造了历史悠久的文化——哈拉巴文化。

早期古印度人在科学和技术方面的记载是模糊不清的，但古老的达罗毗荼居民有自己的文字和简单算术。公元前 2000 年，古印度就已经使用了 51 个字母组成的文字，数学是古印度最重要的学科之一。和世界上许多古老的民族一样，那时的僧侣也是数学家。

1. 计数和计算

说到古印度的算术，特别值得一提的是数字的表达。今天，在我们看来，数字的表达是再平常不过的事情，但在古代，数字的表达却是一项真正的和了不起的发明。

大约在哈拉巴文化时期，古印度人就有了数量的概念和数字的简单表达。他们也采用了十进制位值制计数法。

2000 多年前，古印度人还使用由横画组成的数字。后来，他们开始用干棕榈叶做书写材料，发展了草体书法，从一到九的数字符号就在那时候日趋成型。古印度人也用美索不达米亚商人的算盘来进行计算（当然，他们的算盘和中国的算盘不一样）。每个数字符号都能很方便地表示在算盘上。

后来，在前人智慧和成就的基础上，有人总结出了一种计数法：用最右面的数字表示个位行里的石子数，左面相邻的数字表示十位行里的石子数。其他则依此类推，用点表示空行。这样，"ZZ"表示22，"Z．Z．"表示2020，而没有其他的意思。表示空位的"．"，后来改用"0"代替。这就非常严谨，谁都能够看懂，因为这种计数法不会发生歧义。

有了这个计数法，人们就可以用同一个符号记录算盘上任何一行的同一个数字，且简单清楚，书写方便。古印度计数法的最大优点是能用数字来进行计算，这是一个了不起的进步！

这套数码演变到后来，就表达成"1、2、3、4、5、6、7、8、9、0"十个符号（当时"0"以黑点表示），以及定位计数的进位法。这种计数法为中亚地区许多民族所采用。后来，阿拉伯人对10个数字略加修改，又传到了欧洲，遂演变成今天通用的"阿拉伯数字"。

这是古印度人对数学发展的伟大贡献，很快就引起了计算艺术的革命。而在它的发源地，古印度人的贡献似乎已经被人们忘记了。

公元7世纪之前的约700年间，古印度数学得到了较大发展，特别是以应用见长的算术和代数显示出了用武之地。古印度人引入了零这个数。从前，亚历山大里亚的古希腊数学家也使用零，在他们的观念里，零意味着什么也没有，如果在哪个位置上出现了零，表示这个位置上没有数。

但古印度人最先认识到零是一个数，可以参与运算。比如，任何数加减零后其值不变，任何数乘以零就等于零，任何数除以零就等于无穷大。这就是古印度人赋予零的新意义。

古印度人创造了分数的数学表述，他们把分子分母上下放置，只是没有在两个数字之间画上横线，后来阿拉伯人加上了一道横线，就成了今天分数的表示方法。

2. 数学成就

在数学上，古印度人取得了多项成就。成书于公元前5～前4世纪的《准绳经》是现存最早的古印度数学著作，其中就包含了许多几何学的知识，如勾股定理等。《准绳经》中还有其他一些几何学知识。耆那教经典中也提到了圆周率 π。

古印度人很早就会用负数表示欠债和反方向的运动，他们提出了无理数的概念。他们知道，具有实解的二次方程有两种形式的根，他们用熟悉的配方法统一了二次方程的代数解，这种方法今天常称为印度方法。

公元 449 年成书的《圣使集》是一部自然科学的集大成著作，其中有关数学的内容就有 66 条，包括算术运算、乘方、开方以及一些代数学、几何学和三角学的规则。《圣使集》对简单一元二次方程的求解和简单代数恒等式的证明也有研究。书中提出了平面图形的求积问题，以及用算术级数的求和方法计算圆周率等，书中给出的圆周率（π=3.1416）数值已经非常精确了。

《圣使集》中出现了完备的十进制位值制数值体系。就在广泛采用十进制位值制的同时，古印度人在天文学上又采用从美索不达米亚传过来的 60 进制。《圣使集》介绍了负数、无理数运算，还得出了两个无理数相加的正确公式，介绍了处理二次方程的求根问题和解不定方程。这些都是古印度很重要的数学成就，但古印度人自己并不了解这些成就的意义。

3. 继承与创新

公元 3 世纪以后，古希腊数学传到了古印度，使古印度的几何学有了很大进步。同时，古印度人也发展了自己的算术和代数。

间断性观念是古印度人的独创，他们用此来描述时间的连续性构成。古印度人认为，凡物都只在一个瞬间存在，接着就不是它自身。这实际上具有思辨的性质。按照他们的说法，事物只不过是一系列这样的短暂存在而已。

这种认识充满了哲学的韵味，无形中也透露出古印度人心理世界的复杂性和对生活的一种态度。"一刹那"这个概念就是从古印度传到世界各地的。成为最短时间的形象化表示。在古印度，对永恒世界的渴慕和对精神家园的追求同样重要。

古印度的数学思想影响了阿拉伯和小亚细亚各学派，通过他们又影响了古希腊和古罗马各学派。在那里，古印度数学和古希腊、古罗马的数学技巧交叉、融合和相互借鉴，进一步发展和传向世界的其他地方。这与古印度的文化传承和地理特征似乎也有很深的渊源。

二、阿拉伯的数学

1. 脚步渐进

大约在公元762年，伊斯兰教徒重建了巴格达。40年后，巴格达成为世界著名的学术中心，走在那里，就让人想起古希腊和古罗马时期的亚历山大里亚。公元800～900年，东西方的知识在巴格达城汇集，商业和贸易的繁荣促进了人员和学术的交流。

东方来的商人和数学家带来了新的数字符号，包括古印度的算术和中国的算学成就；西方的异教徒带来了亚历山大里亚强盛时期的科学著作，包括天文学、地理学、数学方面的，如欧几里得的《几何原本》。

这些价值无与伦比的数学理论令当地学者耳目一新。在异域味浓重的新思想熏陶下，他们开始了自己的探索历程，他们首先把这些数学成果译成了阿拉伯文。

当地学者的制图学远远超过了亚历山大里亚时期的水平。在巴格达的学校里，三角学开始盛行。借助于古印度的算术，当地数学家能更加有效地研究和应用欧几里得和阿基米德的几何学。

公元1000年，古罗马帝国的大部分地区在伊斯兰教的势力范围之内。在西班牙的伊斯兰教学校，开设的主要课程是天文学、三角学、地理学、巴格达学者做了改进的古希腊几何学及古印度算术。

从12世纪开始，阿拉伯世界的科学知识逐渐传播到欧洲各地。印

度 - 阿拉伯数字的先进毫无疑问。尽管如此，在传播之初，如此先进的数字也并非就能在所有地方流行。

13 世纪时，一项法令禁止佛罗伦萨的银行业者使用这种新数字。100 年后，意大利的一些地方还坚持书籍的价格必须用罗马数字表达。

到了 1400 年，意大利、法国、德国和英国的商人们开始使用由古印度人发明、阿拉伯人改造的新数字，以这种新数字计数的算术开始在整个欧洲的学校兴起。直到 15 世纪末，古印度数字才在西欧的航海和商业中普遍使用。

半个世纪后，来自中国的印刷术也开始兴起。算术教科书和航海历是当时社会的主要印刷品。而这时，欧洲文艺复兴的序幕正在拉开。

2. 代数的简洁表达

"代数"一词来自阿拉伯语。但是，当时阿拉伯的数学家讲授的代数和我们现在学习的代数是不一样的。他们的代数式都是用文字写的。

下面举个例子，通过一个简单题目的古今解法，看看代数学是怎样发展变化的。这个题目是：一个数，乘以 2，除以 3，等于 40，问这个数是多少？

早期古印度和阿拉伯的数学家是这样解的：因为这个数的 2/3 是 40，它的 1/3 就是 40 的一半，即 20；又因为这个数是 20 的 3 倍，所以这个数是 60。你是不是觉得有些绕？这就叫把简单问题复杂化了，主要还是水平有限，语言表达不过关，这里所说的语言不仅是文字描述，还包括数学语言。

引进数学符号（即阿拉伯数字）后，早期的算法遂演变为（2× 某数）/3 = 40，某数 /3 = 1/2×40 = 20，某数 = 3×20 = 60。这样的解法就简单多了。

在我们的代数教科书中，更以字母 n 代替了"某数"，并且省去了乘号"×"。解法如下：$2n/3 = 40$，$n/3 = 20$，$n = 60$。这是不是更加简洁？从中我们也不难体会数学语言的魅力。

早期的代数解法，语句冗长烦琐，语言表达不清，有时还会引起误解。有了成熟的数学符号，这一问题就会迎刃而解。还是借用上面的例子。现在，我们可以用 n 表示任意数，s 表示第二个数，t 表示第三个数，a 表示得数，如果 $sn/t = a$，那 $n = ta/s$。写成这样的形式，法则就一目了然，结果也十分清楚。

3. 花拉子密与阿拉伯数学

把数学和阿拉伯联系在一起，显得有些牵强，因为阿拉伯人在数学领域缺乏原始的创造。但也有例外，比如说阿拉伯数学家花拉子密就对数学的发展做出了重要贡献。在他身上，我们看到了吐故纳新的能力。

花拉子密（乌兹别克语：al-Xorazmiy，英语：Al-Khwarizmi，约公元 780 ~约 850 年）的全名叫穆罕默德·本·穆萨·阿尔·花拉子密（Abu Abdulloh Muhammad ibn Muso al-Xorazmiy）。他是阿拉伯阿拔斯王朝的著名数学家、天文学家和地理学家，代数与算术的整理者，被誉为 "代数之父"。花拉子密善于借鉴，他在吸收古印度和古希腊数学成果的基础上，创造了有自己特色的数学，特别是在代数方面。

花拉子密于公元 780 年生于波斯北部的小镇花拉子模，他生活的年代正好是哈里发马蒙大力鼓励发展科学事业的时候。可以说，他的运气不错，赶上了 "科学的春天"，这对于好学的青年来说尤为重要。借着科学的春风，花拉子密来到了历史文化名城巴格达，在智慧馆上班，从事天文观测和整理古印度数学的工作。智慧馆大约相当于我们现在的科学院或科学院下属的天文台之类的地方。

花拉子密之所以能留名于今，就是因为他写了两部数学著作。第一部专门讨论古印度数字，第二部是《复原和化简的科学》。这两部著作将古印度的算术和代数介绍给了西方，成为今日全人类的共同精神财富。

今天，阿拉伯数字是我们最熟悉的。可别小看这些看似简单的阿拉伯数字，它们对数学的推动作用非常大，甚至可以说，没有它们，就没有数学的今天。阿拉伯数字在数学中的地位就相当于元素符号在化学中的地位。

实际上，应该把它们叫作古印度数字才对。因为它们是从印度河和恒河流域生长出来的。只不过阿拉伯人做了进一步的改进和推广，才使它们从干旱炎热的阿拉伯世界走向四方。

据说西方人在花拉子密的第一部数学著作里看到了这些神奇的数字，误认为它们是阿拉伯数字，后来一直就这样叫下去了。可惜的是，花拉子密的第一部数学著作已经失传了。

花拉子密的第二部数学著作《复原和化简的科学》中的"复原"（al-jabr）一词是保持方程两边平衡的意思。如从一边减去一项，另一边也应该减去同样的项。在今天的代数里，我们把这叫作移项，在拉丁文中，这个词被翻译成了"algebra"，翻译成汉语就是"代数"。这就是代数学名称的来历。英文的代数名称同样保持了这个写法，从这几个字母的拼写中，我们隐约感到了历史的某些蛛丝马迹。

《复原和化简的科学》一书共分三部分，第一部分是关于一次和二次方程的解法，第二部分是实用策略计算，第三部分是用代数方法解决阿拉伯民族特有的遗产分配问题。只有第一部分被译成了拉丁文，时间是 12 世纪。

花拉子密是阿拉伯数学的开创者。公元 850 年，这位重要的阿拉伯数学家去世，后人为了表达对他的敬意，就用他的出生地称呼他，很少有人再想起他的真名了。

毫无疑问，花拉子密是一个名人。别的名人都是用自己的名字命名一个地方，而他却用一个地方的名字重新命名了自己，在世界上，也算是比较特殊的了。

花拉子密不仅仅是位数学家，他还是位天文学家。这也难怪，古代数学主要就是为应用服务的。直到今天，这还是数学很重要的属性。所以说，古代天文学家几乎就是个数学家了。

花拉子密在天文学方面的主要工作是研究了托勒密体系，受托勒密的启发，他写了一部学术著作《地球景象书》，在这部著作中，花拉子密对我们脚下土地的大致轮廓和某些细节做了描述，据说他还绘制了一幅世界地图。

花拉子密计算出的地球周长是 64 000 千米。托勒密把地球估计得太小（托勒密计算的地球周长是 28 800 千米），而花拉子密把地球估计得太大。在那个遥远的年代，两位著名学者的工作已经很了不起了。

第十章

想起微积分
——莱布尼茨的故事

他是德国最重要的自然科学家、数学家、物理学家、历史学家和哲学家，一位举世罕见的科学天才，他被誉为17世纪的亚里士多德，他和牛顿先后独立地发明了微积分。他就是戈特弗里德·威廉·莱布尼茨。

莱布尼茨（Gottfried Wilhelm Leibniz，1646—1716）是我们最熟悉的数学家之一，是一个多方面的天才。但在一件事上，他最容易被人们记住，那就是他和牛顿同时发明了微积分。而且，两个人还为微积分的发明权有过争论，产生过过节，并结下了宿怨。

但牛顿似乎比莱布尼茨还有名望和权威。在这件事上，莱布尼茨只能忍气吞声，在争取微积分的发明优先权或独立发明权方面无能为力。

两个人都是举世瞩目的科学家。莱布尼茨偏偏就生不逢时，碰巧跟牛顿站在了同一个竞技场上，莱布尼茨当时大概会有"既生瑜，何生亮"的感觉。

一、天才的炼成

1646 年 7 月 1 日，戈特弗里德·威廉·莱布尼茨出生在德国东部的莱比锡，父亲弗里德希·莱布尼茨是莱比锡大学的哲学教授，母亲凯瑟琳娜·施马克出身于教授家庭，心地善良，性格温婉，知书达理，虔信路德新教。这就是莱布尼茨的家庭，一个典型的书香之家。

这样的家庭就是最好的学校，这样的父母就是孩子最好的启蒙老师。莱布尼茨有很高的天赋，生活中的耳濡目染使他养成了良好的学习习惯和好学的精神。很小的时候，莱布尼茨就对诗歌和历史有浓厚兴趣。

6岁时，父亲去世，给他留下了丰富的藏书。母亲担负起了儿子的幼年教育。从那时开始，莱布尼茨广泛接触了古希腊文化和古罗马文化，阅读了许多著名学者的著作，获得了坚实的文化功底和明确的学术目标。8岁时，莱布尼茨进入尼古拉学校，学习拉丁文、希腊文、修辞学、算术、逻辑、音乐、《圣经》，了解了母亲信仰的路德教义。

1661年，莱布尼茨考入莱比锡大学学习法律，这个15岁的少年大学生一进校便跟上了大学二年级标准的人文学科的课程，他还抓紧时间学习哲学和科学。1663年5月，莱布尼茨以《论个体原则方面的形而上学争论》一文获学士学位。

这期间，莱布尼茨还广泛阅读了培根、开普勒、伽利略等的著作，对他们的著述进行了深入的思考和评价。在听了数学教授讲授的欧几里得的《几何原本》后，莱布尼茨对数学产生了浓厚兴趣。

1664年1月，莱布尼茨通过了《论法学之艰难》的论文答辩，并获哲学硕士学位。一个月后，他的母亲不幸去世。从此18岁的莱布尼茨只身一人生活，他一生在思想、性格等方面深受母亲的影响。

1665年，莱布尼茨向莱比锡大学提交了博士论文《论身份》。1666年，校学位审查委员会以其太年轻为由拒绝授予其法学博士学位，那一年莱布尼茨刚刚20岁。莱布尼茨对此很气愤，很快就离开了莱比锡大学，前往纽伦堡附近的阿尔特多夫大学，并立即向阿尔特多夫大学提交了早已准备好的那篇博士论文。1667年2月，阿尔特多夫大学授予莱布尼茨法学博士学位，还聘请他为法学教授。当时他才刚21岁。

这从中透露出来一个重要信息，那时大学的体制、机制是相当灵活的。在今天，从一所大学转到另一所大学，又立即申请论文答辩的事情几乎不可能。

还是在1667年，莱布尼茨发表了他的第一篇数学论文《论组合的艺术》。这是一篇关于数理逻辑的文章，其基本思想是把理论的真实性论证归结于一种计算的结果。这篇论文虽然不够成熟，却闪耀着创新的智慧和数学的才华。莱布尼茨后来的一系列工作使他成为数理逻辑的创始人。

二、交游的学术

获得法学博士学位后，莱布尼茨加入了纽伦堡的一个炼金术士团体。1667 年，他通过这个团体结识了约翰·克里斯蒂文男爵等政界人物。克里斯蒂文男爵又把莱布尼茨推荐给选帝侯迈因茨。从此，莱布尼茨登上了政治舞台。

1671 年冬季，莱布尼茨受选帝侯迈因茨之托，着手准备制止法国进攻德国的计划。1672 年，作为一名外交官，莱布尼茨出使巴黎，试图游说法国国王路易十四放弃进攻，却始终未能与法国国王见上一面，更谈不上完成选帝侯交给他的任务了。但在这期间，莱布尼茨深受惠更斯的启发，决心钻研高等数学，并研究了笛卡儿、费马、帕斯卡等的著作。

1673 年 1 月，为了促使英国与荷兰之间的和解，莱布尼茨前往伦敦。虽然斡旋未果，他却趁这个机会与英国学术界的知名学者建立了联系。他见到了与之通信达 3 年的英国皇家学会秘书、数学家奥登伯，以及物理学家胡克、化学家波义耳等人。

1673 年 3 月，莱布尼茨来到巴黎。这一时期，他的兴趣越来越明显地表现在数学和自然科学方面。

选帝侯迈因茨去世后，莱布尼茨失去了职位和薪金，仅仅成为一个家庭教师。当时，他曾多方谋求外交官的正式职位，也给法国科学院投了简历，希望能谋一职位，但都没有成功。

1676 年 10 月 4 日，莱布尼茨离开巴黎，他先在伦敦做了短暂停留，继而前往荷兰，见到了生物学家列文虎克。列文虎克是首次使用显微镜观察了细菌、原生动物和精子的生物学家，这对莱布尼茨以后的哲学思想产生了影响。在海牙，他见到了哲学家斯宾诺莎，聆听了斯宾诺莎的教诲，共同探讨了人类的哲学。

1677 年 1 月，莱布尼茨接受了汉诺威公爵约翰·弗里德里希的邀请，前往汉诺威，担任布伦兹维克公爵府的法律顾问、图书馆馆长兼布伦兹维克家族史官，并负责国际通信和充当技术顾问。汉诺威成了他的永久居住地。

从这些描写中，不难体会莱布尼茨的交际水平和工作能力。善于与人打交道似乎是莱布尼茨的优势，他要生存，就要在各种圈子里周旋。莱布尼茨周旋得相当成功，这就是他的能力。但莱布尼茨留给世界的遗产主要还是学术上的。

在繁忙的公务之余，莱布尼茨广泛研究了哲学、各种科学及技术问题，从事多方面的学术文化和社会政治活动。在汉诺威，他很快就成了宫廷议员，在社会上的声名越来越大，生活也越来越富裕。

差不多就在那时，莱布尼茨与门克创办了拉丁文科学杂志《学术纪事》（又称《教师学报》）。《学术纪事》在近代科学史上有很大影响，莱布尼茨的数学、哲学文章大都刊登在这个杂志上。这一时期，他的哲学思想也逐渐走向成熟。

1679 年 12 月，布伦兹维克公爵约翰·弗里德里突然去世，其弟弟奥古斯特继任爵位，莱布尼茨仍保留原职。新公爵夫人苏菲是他的哲学学说的崇拜者。"世界上没有两片完全相同的树叶"这一句名言，就出自他与苏菲的谈话。

奥古斯特是一个有野心或说是个有抱负的人，他不甘心仅做一个公爵，他还想在整个德国出人头地。于是，他建议莱布尼茨广泛地进行历史研究与调查，写一部有关布伦兹维克家族近代历史的著作。

1686 年，莱布尼茨开始了这项工作。在研究了当地有价值的档案资料后，他请求在欧洲进行一次广泛的游历。1687 年 11 月，莱布尼茨离开汉诺威。1688 年 5 月，他抵达维也纳。美丽的夏天刚刚开始，阿尔卑斯山脚下已经五彩缤纷。

除了查找档案资料，莱布尼茨花大量时间用于结识学者和各界名流。在维也纳，他拜见了奥地利皇帝利奥波德一世，为皇帝勾画出了一系列经济和科学的远景规划，这件事给皇帝留下了深刻印象。

世界上没有两片完全相同的树叶

　　莱布尼茨试图在奥地利宫廷中谋得一个职位，直到 1713 年，他的求职申请才得到了肯定答复，而他请求奥地利建立一个"世界图书馆"的计划则始终不见下文。随后，他前往威尼斯，然后抵达罗马。在罗马，他被选为罗马科学与数学科学院院士。1690 年，莱布尼茨回到了汉诺威，布伦兹维克家族史已经完成。这部家族史不仅博得了奥古斯特的赞誉，也赢得了其他家族成员的赞誉。莱布尼茨的功绩不小，于是奥古斯特任命他为枢密顾问官。

　　莱布尼茨越来越觉得，学者们各自独立地从事研究既浪费时间又收效不大。因此，他竭力提倡集中人才进行学术、文化和工程技术研究。这是他把一生的很多精力用于筹建科学院的思想基础。此后的一段时间，莱布尼茨热心于从事科学院的筹建工作。

　　从 1695 年起，莱布尼茨就一直为柏林科学院的建立四处奔波和游说。1698 年，他为此亲自前往柏林。1700 年，当他第二次访问柏林时，终于得到了弗里德里希一世，特别是弗里德里希一世的妻子的赞助，建立了柏林科学院。虽然弗里德里希一世的妻子是汉诺威奥古斯特公爵的女儿，但莱布尼茨的人脉关系好也是毫无疑问的。

　　莱布尼茨出任柏林科学院首任院长。柏林科学院不仅研究数学和物理，还研究德国语言和德国文学。在德国的学术传统中，自然科学和人文科学的相互关联是其特点，也是其优点。

　　这一年 2 月，他又被选为法国科学院院士。到这一年，英国皇家学会、法国科学院、罗马科学与数学科学院、柏林科学院都以莱布尼茨为核心成员。它们是当时全世界权威的四大学术和科学研究机构。

　　稍后不久，俄国的彼得大帝去欧洲旅行访问，几次听取了莱布尼茨的建议。莱布尼茨试图使这位雄才大略的皇帝相信，在彼得堡建立一个科学院很有价值。彼得大帝对此很感兴趣。1712 年，他给了莱布尼茨一个数学和科学宫廷顾问的职务，这不是一个象征性的职务，莱布尼茨还领俄国宫廷的薪水。

　　1712 年，维也纳皇帝授予莱布尼茨帝国顾问的职位，邀请他指导建立科学院。到这时，莱布尼茨同时被维也纳、布伦兹维克等王室雇佣。他的人生也达到了一个新的高度。在科学家里面，莱布尼茨可能是最善于创造人脉关系的一个。

这一时期，只要一有机会，莱布尼茨就积极地鼓吹和造势，他的主攻目标有三个：一个是编写百科全书，一个是建立科学院，还有一个就是利用技术改造社会，这三个目标都具有战略眼光，都是为天下着想。说得宏观一些，就是依靠科学创造世界。

几年后，维也纳科学院、彼得堡科学院先后建立。这才有了著名数学家欧拉后来在彼得堡科学院生活和工作的故事。据说，莱布尼茨还曾经通过传教士建议中国清朝的康熙皇帝在北京建立科学院。

莱布尼茨的学术思想对人类产生了重要影响。这其中，首先当然是微积分，但最大的影响可能还是他的战略眼光和为之所做的努力。

三、去世之后

1716 年 11 月 14 日，由于胆结石引起的腹绞痛，卧床一周后，莱布尼茨离开了人世，终年 70 岁。一颗耀眼的星星突然间消失，而且还是那么的孤寂。

莱布尼茨一生没有结婚，也没有在大学里当过教授。他平时从不进教堂，因此莱布尼茨去世时，牧师也没送去临终关怀，他们说他没有宗教信仰。那些曾经送给莱布尼茨很多荣誉的科学院和宫廷也没有追念他。特别是柏林科学院的那些人，他们似乎忘记了莱布尼茨是柏林科学院的创始人，"人走茶凉"也来得太快了点儿。其实，莱布尼茨心中有信仰，他信仰的就是科学。

又过了 70 多年，1793 年，汉诺威人为他建立了纪念碑。又过了90 年，1883 年，在莱比锡的一座教堂附近竖起了莱布尼茨的一座立式雕像。又过了 100 年，1983 年，汉诺威市政府重修了毁于第二次世界大战的"莱布尼茨故居"。人们终于有了一个瞻仰著名人物的地方。

四、微积分思想

写到这里，介绍一下微积分思想是很有必要的。

最早的微积分思想可以追溯到古希腊，与这一思想有关的著名科学家就是阿基米德。阿基米德等人在探索计算面积和体积的方法时，已经有了初步和朦胧的认识，这大概就是微积分思想的源头吧。

那时候，虽然有了朴素的极限思想，但生产力水平低下，技术也比较落后，所有研究基本都停留在静力学和固定不动的范围内。在那种条件下，微积分是不可能产生的。到了中世纪，也还不见微积分的思想。因为那时候的人们还没开始对变量问题进行考察。

17世纪，欧洲科学技术迅猛发展。由于生产力的提高、经济的繁荣、社会的发展、科学技术及工程等方面的需要，在历史积累的基础上，经过各国科学家的一系列努力，建立在函数与极限概念基础上的微积分理论也孕育成型。

到17世纪下半叶，作为一个数学分支，微积分已经呼之欲出。在数学发展史上，牛顿和莱布尼茨分别独立地发表了微积分思想的论著。即使牛顿不去探索，即使莱布尼茨没有想到，也一定会有别的数学家完成这一历史使命的。

以前，作为两种数学运算和两类数学问题，数学家对微分和积分是分别进行研究的。卡瓦列里、巴罗、沃利斯等人得到了一系列求面积（积分）、求切线斜率（导数）的重要结果，但这些结果都是孤立的，是不连贯的。

莱布尼茨和牛顿将积分和微分真正地沟通起来，明确找到了两者内在的直接联系。那就是：微分和积分是互逆的两种运算。这正是微积分建立的关键所在。只有确立了这一基本关系，才能在此基础上构建系统的微积分学。

他们两个人从对各种函数的微分和求积公式中总结出共同的算法程序，使微积分方法普遍化，并进一步发展成用符号表示的微积分运算法则。因此，大体上说，微积分是由牛顿和莱布尼茨创立的。

历史上，关于微积分创立的优先权，曾掀起过一场激烈的争论，争论的两个焦点人物就是莱布尼茨和牛顿。1684年10月，莱布尼茨在他与门克创办的那个拉丁文科学杂志《学术纪事》（又称《教师学报》）上发表了一篇论文，论文的题目是"一种求极大与极小的奇妙类型的计算"，论文内容涉及微积分问题，是最早的微积分文献。虽然这篇论文只有六页，却具有划时代的意义。不足之处是，内容不丰富，说理也含糊。对于一个新的数学分支，6页确实有些少。三年后，牛顿发表了《自然哲学的数学原理》，这是一部影响人类历史进程的著作，在这本书的第一版和第二版中，牛顿写了这么一段话："十年前，在我和最杰出的几何学家莱布尼茨的通信中，我表明我已经知道确定极大值和极小值的方法、作切线的方法及类似的方法，但我在来往的信件中隐瞒了这些方法……这位最卓越的科学家在回信中写道，他也发现了一种同样的方法。他还叙述了他的方法，除了他的措辞和使用的符号，他的方法与我的方法几乎没有什么不同。"

实际上，这就等于牛顿承认，微积分是他和莱布尼茨共同创立的。但是不知是什么原因，在第三版及以后再版的《自然哲学的数学原理》中，这段话却被删掉了。我估计，牛顿和莱布尼茨两个人之间产生了点小矛盾，闹了点小情绪，因此有了心理隔阂，牛顿一气之下，就把上面那段话删掉了。

不过在历史的层面上，这个故事却有另外一个版本。牛顿说，他创立微积分的时间是1665～1666年，莱布尼茨说，他创立微积分的时间是1674年。仅仅从时间上看，是牛顿在先，莱布尼茨在后。

到后来，这件事演变成了两个国家之间的争论。事情只要一上升到国家或民族的高度，就不太好收场了。英国人越来越激动，他们指责莱布尼茨剽窃了牛顿的成果，牛顿从中推波助澜，闹得莱布尼茨没有办法，只好在1713年写了一篇文章，陈述了他创立微积分的历史背景。这篇文章就是《微积分的历史和起源》。在文章里,莱布尼茨总结了自己创立微积分学的思路,说明了自己成就的独立性。

更有意思的是,这场争论在很长一段时间内使英国和欧洲大陆之间的数学交流中断,结果使英国数学的发展受到严重影响。那段时间,英国人固守牛顿的流数法,拒不接受莱布尼茨创造的先进符号体系。所以,自牛顿以后,英国数学明显落后了。

不过在后来,人们还是公认牛顿和莱布尼茨各自独立地创立了微积分。

客观地说,两个人的微积分各有侧重,各有优点。牛顿从物理学出发,运用集合方法研究微积分,在应用方面更多地结合了运动力学。莱布尼茨则从几何问题出发,运用分析学方法引进微积分概念,得出运算法则,其数学的严密性与系统性是牛顿所不及的。

五、符号大师

莱布尼茨在数学方面的成就巨大,微积分只是其中之一,不过可能是他最杰出的工作。他的研究成果渗透到高等数学的许多领域,他的一系列重要数学理论和数学思想的提出,为后来数学的发展奠定了基础。

莱布尼茨曾讨论过负数和复数的性质,得出复数的对数并不存在,共轭复数的和是实数的结论。在后来的研究中,莱布尼茨证明了自己结论的正确性。

他还对线性方程组进行了研究,从理论上对消元法进行了探讨,并首先引入了行列式的概念,提出行列式的某些理论。此外,莱布尼茨还创立了符号逻辑学的基本概念。

莱布尼茨是数学发展史上最伟大的符号创造者,堪称符号大师。

他曾经说过这么一段话："自然科学的发明创造离不开有效的符号体系。要做到这一点，就要用含义简明的符号来表达思想，来按照自然的真实描绘事物的内在本质，从而最大限度地减少人的思维劳动。"

除了积分、微分的符号，莱布尼茨创设的数学符号还有商"a/b"、比"$a:b$"、相似"$\backsim$"、全等"$\cong$"、并"$\cup$"，以及函数和行列式的符号，等等。直到今天，莱布尼茨的符号还是最好的。

莱布尼茨清醒地意识到，运用符号的技巧是表达数学思想的关键之一，简洁、明快的数学符号能节省思维劳动。他所创设的微积分符号远远优于牛顿的数学表达。

欧洲大陆的数学得以迅速发展，莱布尼茨的完美数学符号功不可没。他创造的数学符号对微积分的发展起了很大的促进作用。在这一点上，只有印度－阿拉伯数字才可以与之相提并论，因为印度－阿拉伯数字极大地促进了算术和代数的发展。

六、多才多艺

莱布尼茨多才多艺，历史上很少有人能和他相比。他的研究领域及其成果遍及数学、物理学、力学、逻辑学、生物学、化学、地理学、解剖学、动物学、植物学、气体学、航海学、地质学、语言学、法学、哲学、历史和外交等领域。下面简要介绍一下他的成就。

1. 数学成就

莱布尼茨的主要奋斗目标是寻求一种可以获得知识和创造发明的普遍方法，这种努力促成许多数学思想的孕育成型。

在数学方面，他还发明了二进制，并设计制造了一台计算机。他的计算机比帕斯卡的计算机高级，不仅能做加减法，还可以做乘除法。

莱布尼茨的计算机对后世计算机的制造和完善有很大的启发作用。

今天，我们经常使用计算机，觉得没什么稀奇的。其实，那仅仅是习以为常引起的错觉，不论是硬件的设计制造还是程序的编排都不是容易的事情。不信你去制造一台仅能进行加减法的计算机。通过试验，你就知道它有多么困难了。在莱布尼茨生活的那个年代，制造一台计算机更是难上加难。

2. 物理学成就

这里简要提一下莱布尼茨在物理学方面的成就，因为他在物理学领域的贡献也很突出。

1671 年，莱布尼茨发表了《物理学新假说》一文，提出了具体运动原理和抽象运动原理，认为运动着的物体，不论多么渺小，都将带着处于完全静止状态的物体的部分一起运动。

他对笛卡儿提出的动量守恒原理进行了认真的探讨，提出了能量守恒原理的雏形，并在《教师学报》上发表了《关于笛卡儿和其他人在自然定律方面的显著错误的简短证明》，提出了运动的量的问题，证明了动量不能作为运动的度量单位，并引入动能概念，第一次认为动能守恒是一个普遍的物理原理。

他证明了"永动机是不可能"的观点。他也反对牛顿的绝对时空观，认为"没有物质也就没有空间，空间本身不是绝对的实在性"，"空间和物质的区别就像时间和运动的区别一样，可是这些东西虽有区别，却是不可分离的"。这一思想后来引起了马赫、爱因斯坦等人的关注。

1684 年，莱布尼茨在《固体受力的新分析证明》一文中指出，纤维可以延伸，其张力与延伸的长度成正比，因此他提出将胡克定律应用于单根纤维。这一假说后来在材料力学中被称为马里奥特－莱布尼茨理论。

莱布尼茨利用微积分中求极值的方法，推导出了折射定律，并尝试用求极值的方法解释光学基本定律。这是莱布尼茨在光学方面的贡献。

1691 年，莱布尼茨致信巴本，提出了蒸汽机的基本思想。

1700 年前后，莱布尼茨提出了无液气压原理，完全省掉了液柱，在气压机发展史上，这是非常重要的一个创举。

莱布尼茨的物理学研究一直是朝着为物理学建立一个类似于欧氏几何公理系统的目标前进的。当然，一个人的精力有限，哪怕他是天才，也只能把某些事情做得最好，而对于另一些事情，总会感到心有余而力不足。

3. 哲学成就

在哲学思想方面，莱布尼茨主张唯理论的真理观，认为推理的真理是以心灵为源泉的，而不是对客观事物的正确反映。莱布尼茨认为，在对实际事物的认识中，由于人类找不到充分理由，所以这些事物及与它们相符合的真理都是偶然的。

莱布尼茨继承了笛卡儿的唯理论，主张"天赋观念"论。他甚至认为，人类的一切思想和行为都来自自己内部，而不是由感觉给予的。

作为著名哲学家，他的哲学成就主要包括"单子论"、"前定和谐"论及自然哲学理论。他的哲学思想与沃尔夫（他的弟子）的理论相结合，形成了莱布尼茨－沃尔夫哲学体系。这一体系极大地影响了德国哲学的发展，尤其是影响了康德的哲学思想。他开创的德国自然哲学经过沃尔夫、康德、歌德、黑格尔等人的发展，形成了德国哲学的传统和特色。

在这里，我们只简单介绍莱布尼茨的哲学思想，要想了解莱布尼茨的更多哲学观点只能去读原著了。他的主要哲学著作是《人类理智新论》《莱布尼茨哲学全集》等。

4. 地理学成就

1693 年，莱布尼茨发表了一篇关于地球起源的文章，在这篇文章的基础上，他后来写了一本书，书名叫作"原始地球"。

莱布尼茨在书中提出了地球中沉积岩的形成原因。他认为，地层中的生物化石反映了生物物种的不断发展，这种现象的终极原因是自然界的变化，而非神的创造。莱布尼茨的地球成因学说，尤其是他的宇宙进化和地球演化的思想，启发了拉马克、赖尔等人，在一定程度上也促进了 19 世纪地质学理论的进展。

5. 化学成就

在化学方面，1677 年，莱布尼茨写成了《磷发现史》，对磷元素的性质和提取做了论述。他还提出了分离化学制品和使水脱盐的技术。

6. 生物学成就

在生物学方面，1714 年，莱布尼茨在出版的著作《单子论》中，从哲学角度提出了有机论方面的种种观点。他认为存在着介乎于动物、植物之间的生物，水螅虫的发现证明了他的观点。

7. 气象学成就

在气象学方面，他曾亲自组织人力进行过大气压和天气状况的观察。

8. 逻辑学成就

在形式逻辑方面，他区分和研究了理性的真理（必然性命题）、事实的真理（偶然性命题），并在逻辑学中引入了"充足理由律"，后来被人们认为是一条基本思维定律。他设想把数学方法应用于逻辑，把逻辑推理变成纯符号的逻辑演算，使逻辑成为一种证明的艺术。

莱布尼茨为此进行了开创性的研究工作。尽管他后来中断了这一研究，却给逻辑学的发展指出了新的方向，对后来数理逻辑的创建起到了重要作用，因而被公认为数理逻辑的奠基人。

9. 心理学成就

1696 年，莱布尼茨提出了心理学方面的身心平行论，他首次使用了统觉（apperception）概念强调统觉的作用，与笛卡儿的交互作用论、斯宾诺莎的一元论构成了当时心理学的三大理论。他还提出了"下意识"理论的初步思想。

10. 法学成就

法学是莱布尼茨获得过学位的学科。1667 年，莱布尼茨发表了《法学教学新法》，阐述了他在法学方面的一系列深刻思想。

11. 语言学成就

1677 年，莱布尼茨发表了《通向一种普通文字》一文，以后他长时期致力于普遍文字思想的研究，这种研究推动了逻辑学和语言学的发展。

12. 历史和外交成就

在担任汉诺威布伦兹维克家族史官时，莱布尼茨著有《布伦兹维克史》（共三卷），他关于历史延续性的思想——从大局看小局的方法及其对史料的搜集整理等对后来德国历史的哥廷根学派有很大影响。

七、一个百科全书式的人物

莱布尼茨是德国最重要的自然科学家、数学家、物理学家、历史学家和哲学家，是一位举世罕见的科学天才，他被誉为 17 世纪的亚里士多德，意指其是一个百科全书式的人物。

莱布尼茨一生，发表了大量的学术论文，还有不少文稿生前没有发表。已出版的各种各样的选集、著作集、书信集达几十种，从中可以看到莱布尼茨的主要学术成就。今天，还有专门的莱布尼茨研究学术刊物 Leibniz，可见其在科学史、文化史上的重要地位。

前面提到的"世界上没有两片完全相同的树叶"就出自莱布尼茨之口，他还是最早研究中国文化和中国哲学的德国人。然而，由于他创建了微积分，并且精心设计了非常巧妙简洁的微积分符号，所以他以伟大数学家的称号闻名于世。

　　有人说莱布尼茨是一个世故的人，经常取悦于宫廷并得到知名人士的庇护。但那也不是他的错，他要生存，而且要活得好一些。他如果不那么做的话，他的人生就会艰辛很多，多半还不可能为人类做出更大贡献。

第十一章

数学王国里的神奇家族
——伯努利

数学包罗万象，但不是天书。数学方程式简约严谨，甚至富有韵律感；数学王国充满灵性，也体现了自然的质朴。数学，是人类的一种特殊语言。数学最终描述宇宙本身，包括它的每一个细节。

理解数学需要智慧，以数学为生需要天赋，能够驾驭数学则需要"神赐"。本章要介绍的伯努利家族中的三位重要数学家就是能够理解数学、以数学为生，而且很好地驾驭了数学的成功范例。

在瑞士，有这样一个家族，在大约 100 年的时间里，这个家族的几代人中涌现出了众多科学家，他们在很多领域做出了贡献，创造了科学史上的一段奇迹，这个家族就是伯努利家族。在世界著名科学世家中，伯努利家族声名远扬。在 3 代人中，这个家族先后诞生了 8 位重要科学家，其中至少有 3 位表现出类拔萃。实际上，在后来一代又一代的众多子孙中，伯努利家族诞生了更多的杰出人物。他们在数学、物理、技术、工程、法律、管理、文学、艺术等方面创造了历史，也获得了历史的认可。

本章要介绍的这 3 位科学家在数学方面做出了重要贡献，他们分别是雅各布·伯努利、约翰·伯努利和丹尼尔·伯努利。

一、雅各布·伯努利

在介绍雅各布·伯努利（Jakob Bernoulli，1654—1705 年）之前，让我们先回顾一下 17 世纪欧洲各国的数学研究背景。那时候，正当牛顿试图改变世界数学面貌的时候，还有几个人并没有闲着，他们也想在数学领域跃跃欲试，包括莱布尼茨、惠更斯、伯努利家族的父子兄弟们，以及更晚一些的法国数学家和天文学家拉普拉斯。

有很长一段时间，莱布尼茨利用自己的特殊身份游学欧洲各国，非常幸运的是，他在巴黎遇到了著名数学家和物理学家克里斯蒂安·惠更斯（Christiaan Huygens，1629—1695 年）。惠更斯虽然是荷兰人，却享受着路易十四政府的津贴，一直生活和工作在巴黎。

惠更斯在多个领域做出了贡献，他的研究成果给我们留下了深刻印象。在数学理论方面，他对曲线，特别是对"旋轮线"做了深入、系统的研究。所谓旋轮线，就是一个圆沿一条直线滚动时圆周上的一个定点所产生的轨迹。这一发现在设计钟摆时起了很大作用，可见，钟摆的工作原理与旋轮线密切相关。

旋轮线如下图所示：

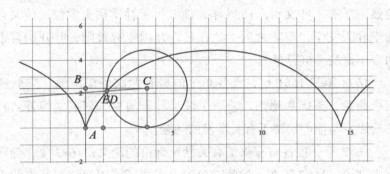

惠更斯关注的不仅是纯数学。实际上，在应用数学方面，惠更斯取得了更高成就。他研究了运动定律和离心力，提出了光波理论，他借助望远镜这一传统观测技术，第一个解释了土星周围稀奇古怪的附属物实际上是光环（即后来人们越来越熟悉的土星光环）。在物理学和天文学方面，惠更斯的声誉似乎更大。

莱布尼茨从惠更斯那里获益甚多，特别是在三角学和微积分方面。几年后，当莱布尼茨离开巴黎的时候，他的微积分理论大厦已经初具轮廓。同样执着于微积分研究的牛顿却有一些孤独，他的流数法（即微积分）并没有随着生命的终结而趋于完善。在英伦三岛之外，牛顿的数学信徒并不是很多。莱布尼茨的境况则完全不同，他的数学思想迎来了更多支持者，最令莱布尼茨感到欣慰的是，他的微积分理论模型有很多支持者，其中就包括雅各布·伯努利和约翰·伯努利兄弟，这兄弟俩也是莱布尼茨最得意的学生和传承人。

在数学发展史上，伯努利兄弟成为在欧洲传播和推广微积分的主要人物。由于他们的努力，莱布尼茨发明的微积分日臻完美，并呈现出保留至今的美学形式。

1654 年 12 月 27 日，雅各布·伯努利出生在瑞士巴塞尔的一个商人世家。他的父亲老尼古拉·伯努利曾在巴塞尔当地政府和司法部门担任高级职务，是当时社会的精英阶层。

雅各布·伯努利在巴塞尔大学接受了高等教育。1671 年他获得了艺术硕士学位。那一年，他只有 17 岁。那时候的艺术包括算术、几何学、天文学、数理音乐、文法、修辞、雄辩术，这些门类其实涵盖了自然科学和一些文科。1676 年，他取得了神学硕士学位；他又自学了数学和天文学。毕业之后，他在日内瓦做家庭教师，并开始着手写作内容丰富的《沉思录》。

1678 年和 1681 年，雅各布·伯努利两次外出游学，先后到过法国、荷兰、英国和德国，聆听了波义耳、胡克、惠更斯等著名科学家的演讲，与他们切磋了有关学术的问题。

1682 年，雅各布写出了有关彗星理论的论文；1683 年，他研究了重力理论，1687 年在《教师学报》上发表了《用两相互垂直的直线将三角形的面积四等分的方法》这篇重要的数学论文；1687 年年底，他成为巴塞尔大学的数学教授；1699 年，他当选为巴黎科学院外籍院士；1701 年，他成为柏林科学协会（后为柏林科学院）会员。

雅各布最重要的成果表现在数学方面。许多数学成果都与雅各布的名字相联系，如悬链线问题、对数螺线、曲率半径公式、伯努利双纽线、伯努利微分方程、等周问题、概率理论，等等。

先讲一个有关悬链线的故事。1690 年，雅各布·伯努利已经盛名在外，他在一篇论文中提出了确定悬链线的性质问题，最终是要为悬链线给出一个方程式。实际上，早在 1638 年，伽利略就关注过悬链线的性质，他猜测悬链线是一条抛物线。伽利略的猜测当然不对，十几年后，17 岁的惠更斯证明，悬链线不是抛物线。不是抛物线，那又是什么线？它的方程应该如何表示？

1691 年，雅各布·伯努利建议数学家们研究悬链线的性质，也就是两端固定的绳子（或链条）由于重力原因而自由下垂形成的曲线到底是什么形状。这个问题现在看起来还算简单，但在微积分和牛顿力学尚未建立或刚刚建立却不怎么完善的年代，解决起来并不容易。悬链线性质如下所示：

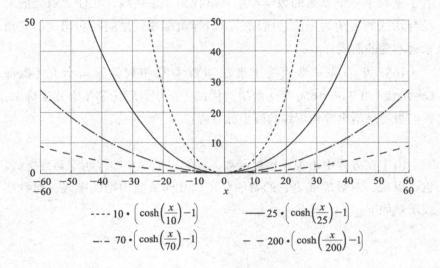

$$---\ 10\cdot\left(\cosh\left(\frac{x}{10}\right)-1\right) \qquad ——\ 25\cdot\left(\cosh\left(\frac{x}{25}\right)-1\right)$$

$$-\cdot-\ 70\cdot\left(\cosh\left(\frac{x}{70}\right)-1\right) \qquad --\ 200\cdot\left(\cosh\left(\frac{x}{200}\right)-1\right)$$

很快就有几个科学家给出了答案，其中包括莱布尼茨、惠更斯及雅各布·伯努利的弟弟约翰·伯努利。他们成功地用微积分解决了这个问题，证明了悬链线方程是双曲余弦函数，即

$$v=A\cosh\left(\frac{x}{a}\right)$$

再讲一个对数螺线的故事。最早研究螺线性质的科学家是希腊化时期的阿基米德。为此，他还写了一本书，书名就叫"论螺线"，后世数学家把阿基米德研究过的螺线称为"阿基米德螺线"。

举一个例子来说明什么是阿基米德螺线。想象有一根可以绕着一点转动的长杆，有一只小虫子沿着长杆匀速向外爬去，当长杆匀速转动的时候小虫画出的轨迹就是阿基米德螺线。这是不是还挺复杂？

生活中，阿基米德螺线随处可见。在早期的留声机中，电机带动转盘上的唱片匀速转动，在转动过程中不断向外圈移动的唱头在唱片上留下的刻槽就是阿基米德螺线。如果说留声机我们只在电影电视里见过，那么对于螺钉我们是再熟悉不过了，等螺距的螺钉从钉头方向看去其实也是阿基米德螺线。

自然界有很多种螺线，但是最有名的首推等角螺线。等角螺线的名字来源于一个著名的数学难题：试找出一条曲线，在任意点处的矢径与切线的夹角为定值。所以，所谓等角螺线就是向径和切线的交角永远不变的曲线。

1683 年，这一难题终于被法国哲学家和数学家笛卡儿（Rene Descartes，1596—1650 年）解决。借助于微积分理论和笛卡儿坐标系，我们很容易给出等角螺线的极坐标方程：

$$\rho = e^{a\theta}$$

由于在方程中出现了指数函数，我们也把等角螺线叫作对数螺线。也可以说，对数螺线是它的臂的距离以几何级数递增的螺线。对数螺线示意如下：

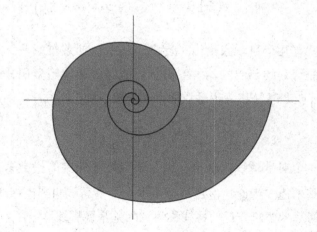

对数螺线有许多有趣的数学性质，雅各布·伯努利就是对数螺线的一个狂热爱好者。从 1691 年起，雅各布开始研究对数螺线，而且是乐此不疲。经过多年研究，雅各布发现，对数螺线经过各种变换后仍然是对数螺线，它的渐屈线和渐伸线是对数螺线，自极点至切线的轨迹、以极点为发光点经对数螺线反射后得到的反射线，以及与所有这些反射线相切的曲线（回光线）都是对数螺线。

这真是一种神奇的曲线，雅各布对这种曲线的性质更是惊叹不已。

很多年后，雅各布在遗嘱中叮嘱，希望把这种螺线刻在他的墓碑上，在螺线旁还要写上"纵然变化，依然故我"几个字。这也算是这位重要数学家最让人津津乐道的轶事之一。

令人遗憾的是，或许是数学文化水平不高、也可能是嫌麻烦，工匠在雅各布·伯努力的墓碑上雕刻的却是阿基米德螺线。长眠在地下的雅各布如果知道墓碑上的图案不是自己曾经系统研究过而且深感惊奇的对数螺线，一定会非常生气。

实际上，对数螺线是自然界中的常见螺线。向日葵和其他一些植物的种子在花盘上就以对数螺线的形式排列，这样每颗种子受到周围其他种子所分泌生长素的抑制作用可以达到最小，同时当它们长大时可以保持形状不变。蕨类植物和其他一些植物在嫩叶蜷曲的时候也是对数螺线的形状。

动物界也有不少对数螺线的例子。鹦鹉螺的螺壳曲线就是对数螺线，其目的是保持鹦鹉螺在生长时内圈与外圈分泌石灰质的量保持平衡和定值。这一定是大自然的安排，也是生命进化的必然选择。

不仅我们身边有对数螺线，遥远的宇宙中同样有对数螺线的身影，而且非常壮观和宏大。天文学家发现，涡旋状星云的旋臂形状与对数螺线十分相似，银河系的四大旋臂就是倾斜度为 12° 的对数螺线。自然界中，对数螺线的存在实例告诉我们，只有通过数学才能理解地球上所有动物和植物的结构形态，乃至宇宙天体的运动状态！

雅各布·伯努利是一位天才数学家，他在微积分、无穷级数的求和方面做了很多工作，"积分"这个术语也是雅各布·伯努利最先提出来的，他是较早使用极坐标系的数学家之一，但雅各布更重要的工作应该是在概率论方面。

最初的概率概念是 16 世纪由意大利学者吉罗拉莫·卡尔达诺（Girolamo Cardano，1501—1576 年）在研究掷骰子等赌博中提出来的。卡尔达诺逝世后发表的《论赌博游戏》一书被认为是概率论方面的奠基性著作。到了 17 世纪中叶，法国律师、著名的业余数学家费马（Pierre de Fermat，1601—1665 年）和法国数学家布莱士·帕斯卡（Blaise Pascal，1623—1662 年）共同努力，建立了概率论和组合论的基础，并得出了关于概率论问题的一系列解法。

雅各布·伯努利对数学最重大的贡献是在概率论研究领域。1685年，他发表了关于赌博游戏中输赢次数问题的论文，并在进行了一系列研究后把研究结果写在一本书中，这本书就是《猜度术》。1713年，《猜度术》终于出版，那时雅各布·伯努利已经去世8年了。

《猜度术》在继承前人学术成就的基础上，把概率论研究提到了新的高度。书籍的出版为概率论的发展建立了一个里程碑，也为雅各布·伯努利迎来了身后盛誉。大家都认为，他是概率论的重要先驱者，最先提出了概率论中的伯努利试验与大数定律。他明确提出，随着试验次数的增加，事件的频率将会稳定在概率附近。

1994年，第22届国际数学家大会在瑞士的苏黎世召开，瑞士发行的纪念邮票图案就是雅各布·伯努利的头像，头像旁边是以他名字命名的大数定律[①]。

二、约翰·伯努利

约翰·伯努利（Johann Bernoulli，1667—1748年）是老尼古拉·伯努利的第三个儿子，雅格布·伯努利的弟弟。很小的时候，父亲就让他去学习经商，很多年前父亲对雅格布也是这样要求的，但约翰·伯努利很有主见，他认为自己不适合从商，就没有听从父亲的劝告。其实，这家人都很有主见，都不怎么听从父辈的劝导。这家人天生就不是做生意的料，而对科学研究充满了巨大热情。

1683年，约翰·伯努利进入巴塞尔大学学习。1685年，他通过逻辑论文答辩，获得艺术硕士学位。接着，他又攻读医学，1690年获医学硕士学位，1694年获医学博士学位。历经漫长的学医之路，他最后

---

① 大数定律：当试验次数无限增大时，事件出现的频率稳定于其出现的概率。

却成为了一名重要的数学家，是不是有些神奇啊？

其实，早在巴塞尔大学学习期间，约翰·伯努利就对数学产生了浓厚的兴趣。那时候，他跟哥哥雅格布一起学习和研究数学，但还不敢公开，可能是害怕父亲生气。两个人都对无穷小数学感兴趣，当时没有多少人能理解莱布尼茨关于微积分的理论。而伯努利兄弟俩正是在莱布尼茨微积分思想的影响和激励下，走上了数学之路。

1691 年 6 月，约翰·伯努利在《教师学报》上发表了关于悬链线理论的论文，解决了哥哥雅格布之前提出的悬链线问题。这篇论文的发表使约翰·伯努利声名远扬，成为在欧洲大陆与惠更斯、莱布尼茨和牛顿同等重要的数学家。

1691 年秋天，约翰·伯努利来到巴黎，见到了洛必达（Marquis de l'Hôpital，1661—1704）。洛必达是法国贵族、数学爱好者，也是一位很聪明的数学家。约翰·伯努利的一个最重要的贡献就与洛必达有关。

那时候，洛必达非常希望在数学领域出人头地，特别是在当时的前沿理论微积分研究方面。因此，他聘用约翰·伯努利到自己家里做研究，以便为他提供各种有关微积分和任何数学新发现的论文。

约翰·伯努利差不多就是洛必达的私人数学老师。据说他们之间还签了一纸合约。这个合约准许洛必达发表约翰·伯努利所有的研究成果。毫无疑问，合约体现了洛必达的特殊权力。在某种意义上说，洛必达似乎是购买了约翰·伯努利的数学研究权。那时候，约翰·伯努利确实处于生活困难时期。不过，洛必达也很有天赋，又热爱数学，只是比约翰·伯努利差一些。

洛必达最重要的著作是出版于 1696 年的《阐明曲线的无穷小分析》。这本书是世界上第一本系统介绍微积分理论的教科书，书中从一组定义和公理出发，全面地阐述变量、无穷小量、切线、微分等概念。书籍的出版对传播新创建的微积分理论起了很大作用。书中第九章记载了约翰·伯努利在 1694 年 7 月 22 日告诉洛必达的一个著名定理——"洛必达法则"。"洛必达法则"旨在寻找满足一定条件的两个函数之商的极限，如求一个分式当分子和分母都趋于零时的极限法则就是其重要内容。

　　从那时起，人们一直把这个法则叫作"洛必达法则"，直到今天。以至于后来的人还以为"洛必达法则"是洛必达的发明。不过洛必达在《阐明曲线的无穷小分析》前言中向莱布尼茨和约翰·伯努利致过谢，特别是向他的老师约翰·伯努利表示了感意。

　　1692 年，约翰·伯努利把多年研究的心血整理成书。这本世界上最早的微积分著作很多年以后才得以出版。

　　1693 年，约翰·伯努利与哲学家兼数学家莱布尼茨开始信件往来，在信中共同探讨了一些数学问题，并建立了深厚的友谊。他自觉地承担起了在欧洲传播莱布尼茨微积分思想的重任。在英、德两国为微积分发明权（即莱布尼茨与牛顿关于发明微积分的优先权）而战的那场没有硝烟的战争中，约翰·伯努利总是站在最前沿，他毫不犹豫地站在莱布尼茨一边，极力为莱布尼茨辩护，猛烈地批评甚至嘲笑英国人（是有些太过火了）。

　　17 世纪下半叶到 18 世纪上半叶，数学上发生的最重大事件就是微积分理论的形成和奠定。在此基础上，又产生了数学的另外一些重要分支，如微分方程、无穷级数、微分几何、变分法等。与此相应，当时数学家最重要的任务就是致力于这些分支学科的发展，那是一个相对抽象和枯燥的领域，相关研究其实是对微积分本身的发展和完善。约翰·伯努利就生活在这一时期，并且在这些学科领域做出了重要贡献。

　　约翰·伯努利对一些具体函数进行过研究，在研究中首先使用了"变量"这个词。1698 年，他从解析的角度提出了函数的概念。除一般的代数函数外，他还引入了超越函数，即三角函数、对数函数、指数函数、无理指数的幂函数，以及某些用积分形式表达的函数。他是使函数概念公式化的重要数学家之一。

　　约翰对微积分的贡献主要是对积分法的发展，他曾采用变量替换来求某些函数的积分。他于 1699 年发表在《教师学报》上的论文就给出了用变量替换计算积分的例子。

　　1742 年，约翰·伯努利出版了《积分学教程》，书中汇集了他在微积分方面的研究成果，给出了各种不同的积分方法的例子，还给出了曲面求积、曲线求长，以及不同类型的微分方程的解法，这些解法使微积分学科更加系统化。《积分学教程》是微积分理论发展中的一本重要著作，它的出版对普及微积分知识产生了重要影响。

1695 年，约翰·伯努利获得荷兰格罗宁根大学数学教授的职务。他在严谨教学的同时，也为微积分理论研究拓展了空间。1705 年，哥哥雅格布去世，巴塞尔大学又聘他继任数学教授。此后，约翰·伯努利一直工作和生活在巴塞尔大学，直到 1748 年去世。他的所有研究都与数学有关。

在巴塞尔大学，他的教学和研究受到广泛好评，并先后成为巴黎科学院的国外院士（1699 年）、柏林科学协会（即后来的柏林科学院）会员（1701 年）、英国皇家学会会员（1712 年）、意大利波伦亚科学院的国外院士（1724 年）、彼得堡科学院的国外院士（1725 年），甚至还担任了某些行政职务，绝对是当时巴塞尔的名人。

约翰·伯努力是 18 世纪数学分析的重要奠基者。除数学外，他还在普通力学、天体力学、流体力学等方面造诣深厚（数学其实是深入研究这些学科的重要支撑）。他三次获得巴黎科学院的奖励（1724 年、1730 年和 1735 年），其中 1735 年的那次奖励是他与儿子丹尼尔·伯努利共同完成的，获奖文章是关于行星轨道运动的理论。

1697 年，雅格布·伯努利在《教师学报》上提出了等周问题。所谓等周问题，就是在给定周长的所有封闭曲线中求一条曲线，使它围成的面积最大。一时间，很多数学家着手解决这一问题，包括约翰·伯努利。3 年后，雅格布找到了等周问题的解，并将研究结果发表在《教师学报》上，指出这条曲线应该是一个圆。雅格布之后，约翰·伯努利继续研究等周问题，他沿着雅格布的思路，改进了雅格布的解法，研究结果随后发表在《科学院论文集》上。在论文中，约翰给出了一个精确且形式完美的等周问题的解法。求解过程中提出了一些基本概念，包含了变分法的核心思想。

此外，约翰·伯努利还对最速降线问题（牛顿、莱布尼茨、洛比达、雅格布·伯努利和约翰·伯努利都得到了正确的解，他们的答案相同，但解法各异）和测地线问题（即曲面上两点间长度最短的路径）等进行了深入研究，这些研究工作奠定了变分法的基础。

约翰·伯努利在数学上自成一派。他也是使概率论成为数学重要分支的奠基人，他和哥哥雅各布共同建立了概率论中第一个极限定理，即伯努利大数定律，该定律阐明了事件的频率稳定于它的概率。

在级数理论方面，约翰·伯努利和雅各布·伯努利兄弟做出了重要贡献。兄弟两人共同创立了一个伟大定理，该定理涉及调和级数的有关性质。所谓调和级数，就是由调和数列各元素相加所得的和，而调和数列就是由正整数的倒数组成的数列。调和级数是一种具有特殊性质的无穷级数，莱布尼茨对此有过研究。不过，在介绍这个问题之前，我们首先考察一下无穷级数。

17 世纪时，无穷级数仅被看作无穷项的和。数学家很难保证这种级数一定会有一个有限和。例如，像 1+2+3+4+5+…这样的级数，如果持续不断地进行下去，其和将会不断增大，并超过任何有限量。所以，这种级数肯定是"发散无穷级数"。

另外，也存在一种无穷多项的级数，其和却是一个有限数。猛然一看，这种现象似乎有些自相矛盾，但仔细斟酌后，就会发现结果非常合理。举一个例子，把 1/3 写成小数的形式（0.3333333…）或还可以写成如下形式：

$$1/3=3/10+3/100+3/1000+3/10000+\cdots$$

这就是一种无穷级数，我们把这种级数称为"收敛级数"。因为我们很容易发现，当增加更多的项时，它的和越来越接近某一特定的值，即 1/3。

根据上面的定义，1/2+1/3+1/4+1/5+1/6+…这个级数就可称为调和级数。现在的问题是，这个级数是"发散"还是"收敛"呢？约翰·伯努利证明它是发散的。

1689 年，哥哥雅各布·伯努利在发表的《论无穷级数》一书中，收录了约翰·伯努利的证明结果。雅各布在《论无穷级数》的序言中承认弟弟对这一证明方法的优先权，体现了兄弟情谊。据说，在科学研究方面，伯努利家族成员之间缺乏宽容，更多时候是互相嫉妒。

在《论无穷级数》中，雅各布就他弟弟约翰·伯努利的证明强调了一个非直观的重要推断。他说："一个最后一项为零的无穷级数之和也许是有限的，也许是无穷的。"雅各布强调，在无穷级数中，即使其中的某些项接近于零，其和仍然可能是无穷的。调和级数就是其中一例。

在级数理论研究方面，他们的工作还不够完善。大约一个半世纪后，才有了真正精确的级数理论。总的来说，约翰·伯努利确实非常聪明，是一位了不起的数学家。他的儿子丹尼尔·伯努利在数学（还包括其他学科）方面的贡献比他和雅各布更大。

三、丹尼尔·伯努利

1. 主要经历

丹尼尔·伯努利（Daniel Bernoulli，1700—1782 年）出生的时候，父亲约翰·伯努利已经是荷兰格罗宁根大学的数学教授，还是巴黎科学院的外籍院士，在科学界的影响相当大。这样的家庭自然非常重视教育。1713 年，丹尼尔开始学习哲学和逻辑学，1715 年获得学士学位，一年之后获得艺术硕士学位。在这期间，这个数学世家潜移默化的影响和熏陶已使数学成为丹尼尔的最爱。

"望子成龙"是天下父母的共同心愿，表现形式却各不相同。在伯努利家族中，父辈们总是希望下一代能够经商，或者在医学方面有所建树。这也差不多成为伯努利家族长辈们的共同期盼。丹尼尔的父亲约翰·伯努利像丹尼尔的爷爷老尼古拉·伯努利当年说服自己一样，曾试图说服丹尼尔去学习经商。当丹尼尔完成学业且在学业上取得不俗成绩时，约翰让丹尼尔去当一个商业学徒。可能是因为在那个年代，在商业方面比较容易谋到职位，取得成功的把握也更大些。实际上，这时候的丹尼尔已经表现出了数学天赋。

丹尼尔对经商没有一点兴趣，约翰只好让丹尼尔去学医。丹尼尔答应了父亲的要求，离开了本来属于父亲的数学领地。约翰自然十分高兴。丹尼尔的学医历程听起来挺曲折的，先后在巴塞尔大学、海德堡大学、斯特拉斯堡大学学习，后来又回到了巴塞尔大学。这样的游学经历反而培养了丹尼尔的广泛兴趣，其中，数学是他的最爱。

学医期间，丹尼尔没有忘记利用闲暇时间自学和钻研数学。他没有那么多的顾虑，父亲不可能总是监督自己，家庭经济状况也不错，根本不用为柴米油盐奔波。那段时间，丹尼尔感到了无比自由。

转眼就到了 1721 年，那是一个充满收获和挑战的毕业季，丹尼尔成功地通过了论文答辩，获得医学博士学位。之后他申请了巴塞尔大学的解剖学和植物学教授，却没有成功。这一小小的挫折反倒成为一种力量，促使他进一步向数学方面发展。很多年后的事实证明，事业成败往往就与兴趣、机遇和持之以恒的努力紧密相关，人生的转机也许就在瞬间显现。

1723 年，丹尼尔旅行到了意大利水城威尼斯。一年后，他在威尼斯一家学术杂志上发表了论文《数学练习》，受到了科学界的关注。当时的情况是，在瑞士，青年数学家的工作条件一般，而在遥远的俄国，新组建的彼得堡科学院正在网罗人才，丹尼尔有些动心。

1725 年，丹尼尔回到巴塞尔，接到了彼得堡科学院的邀请。权衡再三后，丹尼尔提出和哥哥尼古拉第三·伯努利（Nicolas BernoulliIII，1695—1726 年）同时应聘，科学院同意兄弟俩一起去工作。于是，兄弟俩来到了圣彼得堡。

到了俄国后，丹尼尔又极力给科学院推荐数学家欧拉。那时候的欧拉是丹尼尔父亲的得力助手，很受约翰·伯努利的重视。可能正是由于这一原因，欧拉没有立即动身。直到 1727 年，欧拉才告别家乡，来到了圣彼得堡。

在彼得堡科学院，丹尼尔工作了 8 年。这期间，他先后成为生理学院士和数学院士。但哥哥尼古拉第三来到俄国仅仅 8 个月就不幸溺水身亡了。

由于当时的俄国实行了非常优惠的人才政策，聚集了一大批著名科学家，他们为俄国科学事业的发展奠定了重要基础。欧拉更是把自己的一生贡献给了俄国，1731 年，欧拉成为物理学教授，之后再也没有回过瑞士，只是保留了瑞士国籍。

可能是受不了圣彼得堡的严寒天气，或者同时也不怎么适应那里的生活。1733 年，丹尼尔·伯努利回到了巴塞尔。而欧拉在成为数学教授后，又担负起领导彼得堡科学院数学部的重任。他们两个人的关系很好，此后经常互传信息。

回到瑞士后，丹尼尔先后谋到巴塞尔大学很多学科的教授职位，这些学科包括解剖学、植物学、生理学、物理学、哲学，可见丹尼尔知识面之宽、钻研程度之深。这样的百科全书式的学者让我们想起了古希腊的亚里士多德和柏拉图。一个学者能够精通各种学科，古今中外并不多见。

丹尼尔·伯努利是伯努利家族中涉足学科领域最多的人。1738 年，丹尼尔发表了《流体动力学》，这是他一生中最重要的著作，也给他带来了众多光环。1725 ~ 1757 年的 30 余年，他在天文学、地球引力、潮汐、磁学、洋流、船体航行、振动理论等领域取得丰硕成果，多次获得巴黎科学院的奖励。1735 年，他与父亲约翰·伯努利以论文《行星轨道与太阳赤道不同交角的原因》获得法国科学院的重要奖励，成为欧洲大陆科学界无人不知的重要科学家。在这一方面，只有欧拉或可跟他一比。

1747 年，丹尼尔当选为柏林科学院院士；1748 年，当选为巴黎科学院院士；1750 年当选为英国皇家学会会员。另外，他还是欧洲大陆很多国家众多科学学会的会员。他虽然很早就离开了俄国，却一生保留着彼得堡科学院院士的称号。

2. 主要学术成就

1）数学方面

1724 年，丹尼尔·伯努利在意大利威尼斯发表的《数学练习》是他最早的数学成果。很多人都不知道，《数学练习》实际上是他在威尼斯撰写医学著作期间完成的。仅从书名看不出内容的深度，《数学练习》其实是很深奥的学术著作，其内容涉及流体问题、里卡蒂微分方程，以及由两个弧组成的半月形问题。他借助于级数得到了代数方程数值解的方法，提出了循环级数，并将这些级数应用到求代数方程的根的近似计算中。在级数理论方面，他主要研究了正弦级数和余弦级数。他还给意大利数学家 J. 里卡蒂提出的"里卡蒂方程"拟订了解决方案。

另外，他在概率论和统计方面做出了重要贡献。在圣彼得堡期间，丹尼尔认真研究了概率与统计，发表了"关于度量的分类"的论文。后来，丹尼尔将这一研究应用到风险保险业，另一个应用是试图解决由他堂兄尼古拉第二·伯努利提出的"彼得堡赌博悖论"。丹尼尔在将概率论应用于人口统计的研究中，提出了正态分布误差理论，发表了第一个正态分布表。在此基础上，他将误差分为偶然误差和系统误差，使误差理论更趋严谨。

2）物理学方面

在把数学分析引入物理学研究方面，丹尼尔下了很大功夫。他用数学上的微积分和偏微分方程解决了当时的诸多物理学难题。在丹尼尔那个年代，物理学其实是推动微积分发展的重要因素。我们知道，牛顿在对天体运行轨道研究的基础上，提出了他的微积分模型，而丹尼尔则运用微积分对流体运动、物体振动和摆动问题进行了分析，研究结果促进了微分方程理论的发展。

在彼得堡科学院，丹尼尔和欧拉共同研究了柔性物体和弹性物体的力学性质，发表了论文《关于用柔软细绳连接起来的一些物体及垂直悬挂的链线的振动定理》。

18 世纪 50 年代，欧拉和法国著名数学家、物理学家达朗贝尔（D'Alembert Jean Le Rond，1717—1783 年）研究了弦振动问题。他们用偏微分方程来表示弦振动的波动方程。而丹尼尔却用函数的级数展开式给出了弦振动问题的解，这是一种完全不同的形式。几位科学家为此展开了学术上的争论，法国著名数学家和天文学家拉格朗日（Joseph-Louis Lagrange，1736—1813 年）也加入其中。

　　丹尼尔在物理学上的成就首推流体力学。1738 年，丹尼尔发表了《流体动力学》。这本书是他十年寒窗的心血，书籍的出版标志着流体动力学这一学科的诞生，我们才有了流体静力学与动力学概念。可以说，丹尼尔·伯努利是流体力学的开山鼻祖，是当之无愧的"流体力学之父"。

　　《流体动力学》汇集了丹尼尔的诸多研究成果，著名的"伯努利定律"就是其中的重要内容。该定律告诉我们，在一个流体系统，如气流、水流中，流速越快，流体产生的压力就越小。丹尼尔用流体的压强、密度和流速作为描写流体运动的基本物理量，写出了流体动力学的基本方程，后人称之为"伯努利方程"。在各种飞行器的设计中，就用到了这一定律。

　　丹尼尔还用分子与器壁的碰撞来解释气体压强。他指出，当温度不变时，气体的压强与其密度成正比，与体积成反比。这一结论很好地解释了英国化学家罗伯特·波义耳（Robert Boyle，1627—1691 年）提出的波义耳定律，为建立分子运动论和热学的基本概念做出了贡献。

　　据说在一次外出旅行中，丹尼尔和一个陌生人闲谈，丹尼尔在介绍自己时谦虚地说："我是丹尼尔·伯努利。"对方立即回应："那我就是艾萨克·牛顿。"这说明那时候丹尼尔在科学界的地位已经可以和牛顿相媲美了。丹尼尔听后肯定每个毛孔都会舒展的，这也算是一段名人轶事。

　　总的来说，丹尼尔是伯努利家族中最具代表性也是取得成就最大的科学家。这个家族出了很多数学家，让人好奇的是，他们的父辈最初并不赞成自己的孩子选择数学，但他们的孩子最终没有按预先设计好的路径发展，而是沉溺于数学的海洋中。这个家族的数学天赋好是一个重要因素，后天努力和对事业的执着追求同样不可忽视。有了这两个重要支撑，才能取得举世瞩目的成绩。

第十二章

数学的全知全能
——欧拉的故事

在数学发展史上，欧拉、阿基米德、牛顿和高斯四人是有史以来贡献最大的四位数学家。

他们都有一个共同点，就是在创建纯粹理论的同时，还应用这些数学工具去解决大量天文、物理和力学等方面的实际问题。他们的工作是跨学科的，不断地从实践中吸取丰富的营养，但又不满足于具体问题的解决，而把宇宙看作是一个有机的整体，力图揭示它的奥秘和内在规律。

在欧拉身上，真正体现了大师风格和工匠精神。

一、少年早慧

欧拉（Leonhard Euler，1707—1783）出生在瑞士的巴塞尔城，他是著名数学家，也是不多见的少年天才。

欧拉对数学情有独钟。八九岁时，欧拉就开始自学《代数学》了，而别的孩子在这么小的年龄还在学习加减乘除。而他读的《代数学》连他的老师都没读过，可见欧拉的数学天赋。

欧拉的父亲保罗·欧拉（Paul Euler）是一位牧师，但却喜欢数学，欧拉对数学的热爱可能与他从小就受到的熏陶有关。不过这位做牧师的父亲却希望欧拉子承父业。好在欧拉没有走父亲为他安排的道路，否则世界上就多了一位普通的牧师而缺席了一位著名数学家。

他的父亲曾在巴塞尔大学上过学，与当时的著名数学家约翰·伯努利及雅各布·伯努利有些情谊。由于这层关系，欧拉结识了约翰的两个儿子：擅长数学的尼古拉第三·伯努利和丹尼尔·伯努利（这两个人后来都成为数学家）。兄弟俩经常给小欧拉讲一些生动的数学故事和有趣的数学知识。小欧拉从中受益匪浅。

1720 年，年仅 13 岁的欧拉成为巴塞尔大学数学系的学生，这件事在巴塞尔，甚至在整个瑞士都是一个奇迹。约翰·伯努利就是欧拉的老师。在老师的精心培育下，欧拉的学业日见长进。当约翰·伯努利发现课堂上的知识已经满足不了欧拉的求知欲望时，就决定每周六下午单独给他辅导、答题和授课。

巴塞尔大学的教授和数学家都知道欧拉的天赋。两年后，欧拉获得巴塞尔大学的学士学位。

约翰的心血没有白费，在他的严格训练下，欧拉终于成长起来。17 岁时，欧拉成为巴塞尔有史以来第一个年轻的哲学硕士，随后成为约翰的助手，开始了他的数学生涯。在约翰的指导下，欧拉从一开始就选择通过解决实际问题进行数学研究的道路。

1726 年，19 岁的欧拉由于撰写了《论桅杆配置的船舶问题》而荣获巴黎科学院的奖金。这意味着欧拉从此可以在数学的天空展翅飞翔了。

这段人生经历对欧拉的发展和成长非常重要。尽管他的天赋很高，但如果没有约翰·伯努利的引导和教育，结果也很难说。约翰·伯努利以其丰富的阅历和对数学发展状况的深刻了解，给予欧拉很多重要的指点，使欧拉从一开始就学习那些虽然难学却十分必要的书，少走了很多弯路。这对欧拉的影响很大，以至于欧拉成为大科学家之后仍不忘记育人的重要性，这主要体现在编写教科书方面，以及通过各种途径培养有才华的数学新人方面。大数学家拉格朗日就曾受益于欧拉。

欧拉是著名数学家，他在数论、几何学、天文数学、微积分等数学分支领域都取得了出色成就。不过，这个大数学家在孩提时代却一点儿也不讨老师的喜欢，他是一个被学校除名的小学生。

二、数 学 之 路

数学家丹尼尔·伯努利来到俄国后，向彼得堡科学院推荐了欧拉。1727 年夏天，欧拉来到了圣彼得堡，成为彼得堡科学院的数学教授。那时候，欧拉正在进行天文数学研究，不久之后他就完成了彗星轨道的计算，解决了一个天文学上的难题。自从英国天文学家、格林尼治天文台台长哈雷对彗星轨道进行详细研究以来，这一工作就一直在继续。在轨道计算方面做出突出贡献的数学家还有拉普拉斯和拉格朗日。

在圣彼得堡期间，他为俄国政府解决了很多科学难题，为工程计算做出了重要贡献。这些工作包括菲诺运河的改造方案，宫廷排水设施的设计审定，为学校编写教材，帮助政府测绘地图。在度量衡委员会工作时，他参加研究了各种衡器的准确度。这些工作显示了欧拉在应用数学方面的聪明才智。

1760～1762年，受普鲁士国王腓特烈大帝的邀请，欧拉为夏洛特公主函授哲学、物理学、宇宙学、神学、音乐等课程。这不仅是一个普通的教书育人的问题，在某种程度上还是一项政治任务。从那些写得井井有条的函授通信可见欧拉备课的认真程度，这些函授通信充分体现了欧拉渊博的知识、文学造诣和哲学修养。后来，这些通信被整理成《致一位德国公主的信》，分三卷于1768年出版，成为畅销书。一时间，各种译本开始风靡世界。

在柏林工作期间，欧拉将数学成功地应用于其他科学技术领域，写出了几百篇论文，他一生中许多重大的成果都是这期间得到的。例如，有巨大影响的《无穷分析引论》和《微分学原理》就是这期间出版的。

数学在天文学领域的应用一直是欧拉感兴趣的课题，他与达朗贝尔、拉格朗日一起成为天体力学的创立者，先后发表了《行星和彗星的运动理论》、《月球运动理论》和《日食的计算》等著作。

那时候，沙皇叶卡捷琳娜二世大力提倡科学与文化，在哲学思想和宗教领域实行向西开放策略。基于此考虑，叶卡捷琳娜二世极力笼络那些有才华的知识分子，她对伏尔泰（Voltaire，1694—1778）、狄德罗（Denis Diderot，1713—1784）等法国启蒙思想家表现了浓厚兴趣，也从世界各地（主要是欧洲）招聘有影响力的科学家到彼得堡科学院任职。在这个背景下，年逾花甲的欧拉应邀回到圣彼得堡。这一次，工作条件、生活条件都比上次优越。

这时的欧拉在数学研究方面已经有很高造诣，对世界和人生的认识也早已驾轻就熟。他的研究领域虽然都是自己感兴趣的课题，但其实也很系统。此时的欧拉已经到了需要对过去的成就进行系统总结的时候了。

在《微积分原理》（三卷）中，欧拉系统地阐述了微积分发明以来所有积分学的成就，很多见解令人印象深刻。1768 ～ 1770 年，《微积分原理》三卷先后出版。稍后不久，他又出版了《代数学完整引论》，这是一本很有价值的教科书。

三、顽 强 毅 力

欧拉不仅具有过人的天赋，同样具有顽强的拼搏精神和毅力。28岁时，他的右眼不幸失明。更糟糕的是，1767 年的那个冬天，圣彼得堡气候严寒，欧拉有些不适应，他的左眼也失明了。

从这一天开始，五彩缤纷的世界对欧拉就没有太大的意义。正当欧拉在黑暗中奋力拼搏时，厄运又一次向他袭来。1771 年，圣彼得堡的一场大火殃及欧拉的住宅，仆人冒着生命危险抢救了双目失明、身处大火包围之中的欧拉，但大量研究成果却没能抢救出来。

研究成果被火灾吞噬，包括很多珍贵资料，自己又双目失明。对很多人来说，几乎是寸步难行。但欧拉却又开始了新的研究，其意志之坚强和毅力之惊人非常人能比。

欧拉有不同寻常的记忆力，很多年前的研究内容他都能够回忆起来，包括那些数学公式。这听起来有些玄，可这一切都是真的。后来，欧拉在长子（也是数学家）的帮助下发表和出版了很多论文和著作。《寻求具有某种极大或极小性质的曲线的技巧》就是这一时期的作品，这是欧拉多年来研究变分问题所取得的成果。就是在这本书中，欧拉创立了数学的一个新分支——变分法。

欧拉带给我们的精神就是拼搏的精神，欧拉留给我们的思想就是数学的思想，还有在逆境中如何生存下去和为社会做出贡献的启示。

四、数学的先知先觉

欧拉的精力旺盛、对事业的追求执着，这种好的精神状态贯穿了他的一生。圣彼得堡大火已经过去一年，1783 年一个秋天的下午，欧拉计算了气球上升的定律，在林荫道迈着碎步，心情非常好。他准备请朋友们吃饭，庆祝这一研究成果。

那时候，天王星刚发现不久，欧拉对天王星的运动也很感兴趣，大致思考了一番，列出了计算影响天王星运动轨道的各个因素。欧拉在房间里走了一圈，喝了几口茶，感到一阵晕眩，烟斗从手中落下。孙子还在膝下缠着要跟他玩，欧拉不由自主地说："我要死了"。欧拉终于停止了生命和计算。那一年，欧拉 76 岁。

五、为数学而生

1. 成就数学的天空

数学内涵的简洁表达离不开符号，在数学的基础教育和科学研究方面，符号的科学表示须臾不可缺少，欧拉意识到了符号的重要性。欧拉确信，符号的简化和规范化既有助于学生的学习，又有助于数学的发展。所以，欧拉创立和统一了许多新的符号。在数学的各个领域，常常能见到以欧拉的名字命名的公式、定理和重要常数。

数学课本上常见的符号 π（1736 年）、i（1777 年）、e（1748 年）、sin 和 cos（1748 年）、tg（1753 年）、Δx（1755 年）、$\sum$（1755 年）、$f(x)$（1734 年）等，都是欧拉创立并推广的。他创设的这些符号一直沿用至今。

我们知道，sin、cos 等表示三角函数，e 表示自然对数的底，$f(x)$ 表示函数，$\sum$ 表示求和，i 表示虚数。圆周率符号 π 虽然不是欧拉首创，却是经过欧拉的倡导才得以广泛流行的。请你认真想一想，π、i、e 这三个神奇的数能不能统一在一个数学关系式中？当你知道了答案后，是不是觉得数学很神奇啊？

今天，我们都知道对数是乘方的逆运算，但我们中有多少人知道是谁第一个提出了这一数学思想，并且发现对数是无穷多值的？这位伟大的数学家就是欧拉。他证明了任一非零实数 R 有无穷多个对数。欧拉使三角学成为一门系统的科学。他首先用比值来给出三角函数的定义，而在他以前的数学家一直是以线段的长来定义的。

欧拉的定义拓展了三角学的研究范围，使数学的视野顿时开阔了许多。在此基础上，欧拉深入研究了三角学。在这以前，每个公式仅从图中推出，大部分还是以叙述的方式表达。欧拉却从最初几个公式解析地推导出了全部三角公式，还获得了许多新的公式。

在三角学研究中，一种非常简洁的表示是用 a、b、c 表示三角形的三条边，用 A、B、C 表示相对应的角，这一表示使三角函数的叙述得到了极大简化。为此做出最初贡献的数学家就是欧拉，是欧拉通过一系列公式把三角函数与指数函数联系了起来。

欧拉并没有当过教师，但他对教育的影响却非常大。他是世界上第一流的学者、教授，时刻站在数学的最前沿，研究深奥的数学问题，他也热心于数学的普及工作。《无穷小分析引论》、《微分法》和《积分法》是欧拉的重要数学著作。这一系列著作对数学知识的传播和数学思想的引领产生了重要影响。自 18 世纪末开始，绝大多数初等微积分和高等微积分教科书都是沿用了欧拉的风格，很多数学教材的编写都汲取了欧拉的智慧。

在著述方面，欧拉与其他数学家不一样的地方在于，其他数学家只注重研究，并不热心于写书，高斯、牛顿等就是这样。在我们的印象中，牛顿最负盛名的著作就是《自然哲学的数学原理》。除此之外，我们很难回忆起牛顿还写过什么书。与欧拉相比，牛顿和高斯的著作比较抽象和艰涩，欧拉的文字却能轻易读懂，堪称科学走出象牙塔、普及民间的典范。

欧拉与德国著名数学家哥德巴赫（Christian Goldbach，1690—1764）曾通过一段时间的信。在通信中，哥德巴赫提出了我们今天非常熟悉的哥德巴赫猜想。不过，那时候的哥德巴赫是德国一位中学教师，而欧拉早已盛名在外。

回顾数学的历史，我们经常能碰到一个问题，即用一个代数方程来求解看起来很烦琐的文字题。这一方法非常古老，但却十分重要，因为它促进了代数学的发展。很多这类数学问题属于初等数学的范畴。作为大数学家，欧拉也在这方面做了很多工作，在一本叫作《代数基础》的著作中，欧拉搜集了类似的题目。这里仅举两个例，有兴趣的读者可以思考一下：

（1）骡子与驴身上各背着几百斤①的重物，它们互相埋怨着。驴对骡子说："只要把你身上所背的重量给我 100 斤，我所背的就是你的两倍。"骡子回答道："不错！可是如果你把你背的重量给我 100 斤的话，我所背的就是你的三倍。"问它们各背了多少斤的重物？

（2）三个人在一起做某种游戏。第一局结束时，甲输给了其他两个人的东西分别等于他们手中所有的东西。第二局收场时，乙输给甲、丙两人的东西也正好等于他们那时手中所有的东西；第三场结束时，这回却轮到丙是输家，他输给了甲、乙两人的东西也恰恰是他们两人那时手中所有的东西。他们结束了这种游戏，最后竟然发现三人各自手头有的东西正好一样，都是 24 个。问比赛前这三个人手中各有多少个东西？

欧拉的语言表达非常流畅，说明他对文字的把握很有分寸。欧拉从来不压缩字句，总是津津有味地把他那丰富的思想和广泛的兴趣写得有声有色。他用德文、俄文、英文写作并发表了大量的通俗文章，

① 1斤=0.5千克。

还编写过大量的中小学教科书。

在写作中，寄托了博大的数学思想，凸显了引人入胜的叙述方法。这使得欧拉的著作既严密又易于理解。他编写的与初等代数和算术有关的教科书考虑细致，叙述有条有理。成为数学教材的经典范例。欧拉不是教育家，却帮助教育家筑起了一道育人的长城。

2. 数学的用武之地

我们知道，牛顿奠定了古典力学的基础，但欧拉则是古典力学的主要建筑师。1736 年，欧拉发表了《力学或解析地叙述运动的理论》。在这本书里，他最早明确提出了质点或粒子的概念，最早研究了质点沿任意一条曲线运动时的速度，并在有关速度与加速度问题上应用了矢量的概念。

在天文数学方面，欧拉研究了月球和地球的相对运动，提出了月球绕地球运动的精确理论。在此基础上，他创立了分析力学、刚体力学等力学学科。此外，欧拉在研究前人成果的同时，进一步提出了望远镜、显微镜的设计计算理论。

作为一代数学家，欧拉的研究触角还深入到音乐方面，他把振动理论应用到了音乐理论的研究中，为此还写了一部关于音乐理论的著作。

1738 年，法国科学院设立了回答有关热本质问题征文的奖金，欧拉积极应征，他写了一篇论文《论火》。这篇论文在征文竞赛中竟然获奖。论文的核心是回答热究竟是怎么一回事。欧拉认为，从微观角度看，分子的振动才是产生热的根本原因。

欧拉的数学研究之路的主要特点是，他以解决实际问题为导向，把主要研究对象锁定在应用层面。所以，在理论联系实际方面，他同样是一位巨匠。

纯粹数学和应用数学是很多年后才提出来的。对欧拉来说，数学方法最大的用武之地就是我们肉眼所见的世界，包括遥远的天体。流体运动也是欧拉关注的研究对象，他在详细考察了流体性质的基础上，建立了理想流体运动的基本微分方程，发表了论文《流体运动的原理》。所以说，欧拉是流体力学的创建者之一。

欧拉的数学研究主要集中在应用数学方面。他曾建立了理想流体运动的基本方程，并把这一理论用来描述人体血液的流动；他运用流体力学和潮汐理论，为船舶设计制造提供重要参考。这些工作均具有十分重要的价值。

3. 欧拉公式

在这里介绍一下著名的欧拉公式。欧拉公式描述了简单多面体的顶点数 V、面数 F 及棱数 E 之间关系的规律，公式如下：

$$V+F - E=2$$

欧拉公式是数学史上最有魅力的数学公式之一。同学们不妨先举几个例子验证一下这个公式的可靠性。可以肯定的是，当顶点数 V、面数 F 及棱数 E 比较小时，验证还比较容易，但当这几个数都很大时，验证本身就比较费事。

但只有验证是不够的，你必须要证明它永远正确，否则它就是不可靠的。沿着这个思路往下走，你就会提出这样一个问题，它们之间为什么会有这样的关系？欧拉当初是如何提出并证明了这一公式的？就把这一问题留给读者吧。

六、杰 出 成 就

欧拉的影响遍及数学的大多数领域，在初等几何中，我们有欧拉线，多面体中的欧拉定理是读者非常熟悉的，立体解析几何的欧拉变换公式不可或缺。另外，四次方程的欧拉解法、数论中的欧拉函数、微分方程里的欧拉方程、级数论中的欧拉常数、变分学中的欧拉方程、复变函数中的欧拉公式等，都是学习数学的人经常碰到的，类似的例子不胜枚举，因为欧拉的著作和论文实在太多了。

数学家欧拉

欧拉是 18 世纪最杰出的数学家。不仅如此，他还是用数学方法解决物理问题的大师。除数学外，他还在物理、天文、建筑乃至音乐、哲学等方面取得了辉煌成就。在数学的各个领域，常能见到以欧拉名字命名的公式、定理和重要常数。

《无穷小分析引论》一书是欧拉具有划时代影响的著作。在这本著作中，欧拉的数学分析独具匠心。在很多数学家的心目中，欧拉就是分析学的杰出代表。19 世纪伟大的数学家高斯曾说："研究欧拉的著作永远是了解数学的最好方法。"从中可见欧拉数学思想的精深。

后来的研究者认为，欧拉一生能取得如此伟大的成就，主要原因有三个。

（1）惊人的记忆力和心算能力。他能背诵很多数字和数学公式，甚至还能背诵很多诗人的诗歌。圣彼得堡那次大火之后，他的很多研究成果就得益于记住了以前所做的笔记。欧拉的心算能力很强，包括一些高等数学的计算他都用心算完成。

（2）对待研究工作专心致志。欧拉儿孙众多，他的研究工作不可能不受打扰，但欧拉练就了一种特殊功夫，那就是常常抱着孩子在膝盖上完成论文。这也算是著名数学家的一段轶事吧。

（3）永不衰减的钻研精神。欧拉毅力顽强，治学精神非常严谨，在工作的每一个环节都表现得很充分。即使在他双目失明后的 16 年间，也没有停止对数学的研究。在这期间，他口述了好几本书和 400 余篇论文。欧拉旺盛的精力和钻研精神一直保持到生命的最后一刻。

欧拉的一生是学而不厌、创作不倦的一生。据统计，在欧拉的 70 余卷全集中，分析、代数、数论占 40%，几何占 18%，物理和力学占 28%，天文学占 11%，弹道学、航海学、建筑学等占 3%。从这些数据可见欧拉研究领域的广泛。

欧拉一生笔耕不辍，在他那忙碌和不倦的一生中，发表了 700 多篇论文，出版了很多本著作，在世界数学史和自然科学史上，科研成果的数量和质量都是名列前茅。彼得堡科学院后来整理他的著作的工作花费了将近半个世纪。欧拉的成果真正实现了产量高和质量优的完美结合。

七、读 懂 欧 拉

数学家拉格朗日比欧拉稍晚一些，两个人也曾就等周问题进行过通信联系，信件中对等周问题的一般解法做过探讨，讨论的结果是诞生了"变分法"。等周问题是欧拉多年来思考的一个问题，只是他当时还没有形成成熟的思想。

1759年10月，当欧拉看到拉格朗日解法的时候，就被拉格朗日的解法深深吸引。拉格朗日的解法博得了欧拉的热烈赞扬。欧拉在给拉格朗日的回信中对拉格朗日取得的成就赞誉有加。那时候，欧拉也在研究等周问题上小有成绩，但总是不满意。于是，他尽力推荐，使年青的拉格朗日的工作得以发表和流传，并赢得巨大的声誉。

欧拉的高风亮节和谦虚赢得了拉格朗日的极大尊重，也赢得了众多数学家的敬意。晚年的时候，欧洲所有的数学家都把他当作老师，著名数学家拉普拉斯（Laplace）曾说过这样一句话："读读欧拉、读读欧拉，他是我们大家的老师！"

欧拉生活、工作过的国家有三个——瑞士、俄国、德国，这三个国家都把欧拉当作自己的数学家，为有欧拉而感到骄傲。

欧拉拥有渊博的知识、丰富的想象力、旺盛的创作精力和数量众多的著作，他取得的每一项成绩都令人敬仰！他那杰出的智慧、顽强的毅力、孜孜不倦的奋斗精神和高尚的科学道德，永远值得我们学习。

欧拉永远是我们心目中的一座高山，或许我们只能高山仰止。学习欧拉的这种精神，从身边做起，从脚下做起，就有可能成就我们的人生。

我们在阅读欧拉的著作时，一定要学会辩证地看待自己，辩证地认识周围的世界，当你惊慕别人的光辉灿烂时，你千万不要忘记，在他的身后，是漫长而黯淡的时空；他之所以能有今天，是因为他付出了许多常人难以想象的代价。

欧拉的人生经历再次印证了一个结论：即 1% 的天才加上 99% 的勤奋才能成就辉煌的人生。天才最大的优点，就是决不轻言放弃！

第十三章

探索分析数学的新路径
——拉格朗日的故事

约瑟夫·路易斯·拉格朗日是法国数学家、物理学家。他在数学、力学和天文学三个学科领域中都有历史性的贡献，其中以数学方面的成就最为突出。

在这一章，通过对拉格朗日生平重要事迹的回顾，我们将对这位著名数学家有一个更加立体的了解。

一、科 学 生 涯

拉格朗日（Joseph-Louis Lagrange，1736—1813）出生在意大利西北部的都灵。父亲曾经在法国陆军中服役，退役后经商。少年时期，拉格朗日家的经济条件并不怎么好，他父亲把家道中兴的希望寄托在拉格朗日身上，希望他以后能成为一名律师。

中学阶段，拉格朗日就表现出了很好的数学天赋。受数学老师的影响，拉格朗日对几何学产生了浓厚的兴趣。有一天，拉格朗日看到英国天文学家哈雷写的介绍牛顿微积分成就的短文《论分析方法的优点》，从此开始学习牛顿的微积分，认为数学分析才是以后自己的研究方向。

拉格朗日的第一篇论文是关于一种高阶微商的解法。他采用牛顿二项式定理处理两函数的乘积。后来他将这篇论文寄给了数学家欧拉，欧拉当时在柏林科学院工作。拉格朗日不知道，莱布尼茨很早以前就完成了这一研究成果。不过，这给拉格朗日很好的启发，他意识到了自己在数学分析方面的天赋。

"等周问题"是数学发展史上的著名问题，在探讨"等周问题"时，拉格朗日借鉴了欧拉的方法，即用纯分析的方法求变分极值，以此为研究对象写成了论文"极大和极小的方法研究"。这篇论文奠定了变分法的理论基础，进一步发展和完善了变分法。

这里对"等周问题"做简要介绍。"等周问题"又称等周不等式，是一个几何中的不等式定理，旨在探讨欧几里得平面上封闭图形的周长以及其面积之间的关系。"等周问题"最早是古希腊数学家帕波斯

（Pappus of Alexandria，300—350）提出的，收集在其著作《数学汇编》中，是欧氏几何学中的基本命题之一。所谓"等周"，是指周界的长度相等。对"等周问题"的研究表明，在周界长度相等的封闭几何图形中，以圆形的面积最大；或者说，面积相等的几何形状之中，以圆形的周界长度最小。数学家很早就知道了"等周问题"的答案，但要进行严格和完善的证明很难。很多数学家涉猎过此领域，在数学上，我们通过不等式来表达"等周问题"。

很多数学家为变分法的创立做出了重要贡献，拉格朗日是他们中的佼佼者。令人侧目的是，拉格朗日创立变分法时还不到20岁，而且还是都灵皇家炮兵学校的教授，那么小的年龄就成为欧洲公认的第一流数学家，其数学天赋确实不是一般的高。20岁时，拉格朗日被任命为普鲁士科学院通讯院士，举荐拉格朗日的正是数学家欧拉。

法国科学院在1764年举办了一个征文活动，征文内容是对月球的平动问题做出解释，拉格朗日用牛顿的万有引力定律对这个问题进行了比较满意的解答而获得了征文活动的奖励。稍后不久，拉格朗日又运用微分方程理论和近似解法研究了法国科学院的另一个问题。这个问题远比上面那个问题复杂，沿着拉格朗日的思路，我们就有可能找到一个更大的行星与其几个卫星相互间的运动关系。

而立之年的拉格朗日已经盛名在外，欧洲各国都以拥有拉格朗日为荣，在这场人才争夺战中，德国最终胜出。1766年，拉格朗日应德国腓特烈大帝的邀请，来到"欧洲最大的王"的宫廷中成为"欧洲最大的数学家"。腓特烈大帝固然有些吹捧对方、抬高自己的意思，但拉格朗日是那个时代伟大的数学家确实名至实归。

皇帝的邀请本身就是一种荣誉。拉格朗日自此开始担任普鲁士科学院的数学部主任。此后的20年间，拉格朗日一直在普鲁士科学院从事数学研究，这段时间也是他一生科学研究中出成果最多的时期。

这段时期，拉格朗日写作了《分析力学》这部非常重要的经典力学著作，可以与牛顿的《自然哲学的数学原理》相媲美。在《分析力学》中，拉格朗日运用分析方法和变分原理建立了科学的力学体系。拉格朗日用数学分析的方法解决力学问题，创造了一个自洽、完整和谐的理论。在《分析力学》的序言中，拉格朗日认为自己已经使力学成为分析的一个分支。

拉格朗日出生在意大利，后来担任过"都灵科学院"的名誉院长。1786 年，拉格朗日离开柏林，来到巴黎，出任法国度量衡委员会主任，领导法国度量衡统一问题的工作。法王路易十六对拉格朗日厚爱有加。在此期间，拉格朗日帮助法国完成了统一度量衡的工作，今天我们熟悉的长度、面积、体积、质量等国际单位就是在拉格朗日领导下完成的。

拉格朗日著述甚多，除《分析力学》外，他还出版了其他一批重要著作，包括《论任意阶数值方程的解法》、《解析函数论》和《函数计算讲义》等。1795 年，法国最高学术机构——法兰西科学院建立后，拉格朗日担任法兰西科学院数理委员会主席，1813 年 4 月 3 日，拿破仑授予拉格朗日帝国大十字勋章，这件事情可折射拉格朗日的影响。不过，此时的拉格朗日已卧床不起，不管这枚勋章对拉格朗日有多少意义，毫无疑问，拉格朗日的贡献与这枚勋章是相称的。

二、突出贡献

在普鲁士科学院工作期间，拉格朗日的研究兴趣集中在代数方程和超越方程方面。在他提交给普鲁士科学院两篇著名的论文《关于解数值方程》和《关于方程的代数解法的研究》里，把前人解三次方程和四次代数方程的各种解法总结为一套标准方法，即把方程化为低一次的方程以达到求解的目的，这是一种通过辅助方程或预解式进行计算的方法。

在牛顿和莱布尼茨之后，欧洲数学的发展没有同步进行。在英国，数学家仍坚持牛顿在《自然哲学的数学原理》中提出的几何方法，这种方法的弊病显而易见，以致影响了数学的正常发展；在欧洲大陆，数学家沿着莱布尼茨创立的分析方法（包括代数方法）发展，进展就要快得多，当时把这门学科叫作分析学(analysis)。在这一领域，拉格朗日是仅次于欧拉的最大开拓者。

在数学上，拉格朗日最突出的贡献是发展了数学分析，使其独立于几何或力学，更清晰地确立了数学作为一门学科的独立性。客观地说，数学是解决许多实际问题的工具，但不能仅仅是一种工具。

拉格朗日在前人研究的基础上，为未来数学的研究拓展了空间。在天体力学的很多方面（如月球运动、轨道计算、行星运动等）取得了卓越成就，在流体力学方面做出的贡献也是有目共睹，他是力学分析化的有力推动者。拉格朗日的研究工作对于力学和天体力学的进一步发展起到了重要促进作用，使这些领域的研究水平进一步提升。所以说，拉格朗日是分析力学的重要创立者。堪称法国最杰出的数学大师。

数学家达朗贝尔、欧拉的工作对拉格朗日有很大启发。在其著作《分析力学》中，拉格朗日总结了力学的研究成果，为以后的研究奠定了新的基础，在质点和刚体力学方面，拉格朗日通过数学分析的技巧发展了计算模式，使其运用于静力学和动力学的研究中。

在拉格朗日之前，力学体系的运动方程是以力为基本概念的牛顿形式，拉格朗日引进了广义坐标，建立了新的方程（拉格朗日方程），使力学体系的运动方程摆脱了牛顿形式的阴影。在拉格朗日方程中，能量是重要的概念，拉格朗日的工作使分析力学成为一门重要学科。

拉格朗日研究了刚体在重力作用下，绕旋转对称轴上的定点转动问题给出了欧拉动力学方程的解，三体问题（three body problem）是天体力学中的基本力学模型，它是指三个质量、初始位置和初始速度都是任意的可视为质点的天体，在相互之间万有引力作用下的运动规律问题。拉格朗日研究了三体问题的求解方法，解决了三体运动中的一些基本问题。

拉格朗日的研究工作直接或间接地推动了数学的发展，特别是推动了分析数学的发展。在数论方面，拉格朗日也有卓越表现，他的研究成果丰富了数论的内容。他对费马提出的许多问题做出了解答，如一个正整数是不多于 4 个平方数的和的问题等，很多数学家都对圆周率感兴趣，拉格朗日也不例外，他曾证明了圆周率的无理性。

在拉格朗日的一生中，与天体力学有关的研究工作是其最重要的组成。拉格朗日从分析力学的原理和公式出发，建立了一些重要天体的运动方程。拉格朗日研究了彗星和小行星的摄动问题，提出了自己的彗星起源假说。在解天体运动方程时，拉格朗日找到了三体问题运动方程的五个特解，我们也把这五个特解叫作拉格朗日平动解。

如果三个运动物体恰好处于等边三角形的三个顶点，在给定初速度条件下，它们将始终保持这样的运动方式。1906 年，天文学家发现了第 588 号小行星和太阳正好等距离，它同木星几乎在同一轨道上超前 60° 运动，它们一起构成运动着的等边三角形。在自然界各种运动系统中，均可以找到拉格朗日点。

但拉格朗日主要是数学家，在他的数学思想中，力学是数学分析的一个分支，而天体力学又是力学的一个分支。这就是天体力学在数学家拉格朗日心目中的位置。尽管如此，他在天体力学的奠基过程中，仍然做出了历史性贡献。

18 世纪，欧洲大陆是学术的中心。拉格朗日的学术生涯主要在 18 世纪后半期。当时，数学、物理学和天文学是自然科学的主体。物理学的主体是力学，天文学的主体是天体力学，而数学的主体是由微积分发展起来的数学分析。

数学分析的发展进一步深化了力学和天体力学的研究，而力学和天体力学的发展又成为数学分析发展的动力。当时，自然科学的著名人物都在这三个学科领域做出了历史性贡献。

第十四章

从哥德巴赫猜想开始
——陈景润的故事

有些著名学者，因为距离我们太遥远，他们就像一颗可望而不可即的恒星，永远横亘在天河的另一边，这主要是时空因素中的空间障碍，如英国理论物理学家霍金。

但本章要介绍的数学家陈景润是一位中国人。他的故事或他背后的故事能启发我们悟出一些什么。

1978 年，作家徐迟 (1914—1996) 发表的报告文学《哥德巴赫猜想》曾轰动全中国，也使刚刚经历"文化大革命"劫难之后的中国人认识了一位数学奇才，他就是当代中国著名数学家陈景润（1933—1996）。

小时候的陈景润一点都不聪明伶俐，表情木讷，不善言谈可能是他的最大特点。但就是这个从小不被人注意、不受人欢迎的孩子，后来却创造了一个世界奇迹。"沉思冥想、探究事理"或许就是陈景润的特长，他要在这个纷纷扰扰的世界寻求一个适合自己的位置，使自己的潜能和潜质充分发挥出来。在一定程度上，那篇报告文学的出笼不仅是徐迟个人的事情，也不仅是陈景润个人的事情，它还是中国大地"文化大革命"运动结束后，改革开放的黎明时期中国科学的春天正在到来的一个标志，也意味着一个尊重科学、尊重知识和尊重人才的伟大时代的开始。

我们还记得，徐迟在《哥德巴赫猜想》中说过这样一句话："如果说数学是自然科学的皇后，那么，陈景润要摘的就是皇冠上的那颗明珠了。"

让我们看一看陈景润摘的是一颗怎样的明珠。

一、小时候，教授送给他一颗明珠

1933 年，陈景润出生在一个邮局职员的普通家庭。4 岁那年，日寇开始侵略中国。没过多久，战争的狼烟烧至他的家乡福建，全家人仓皇逃入山区，孩子们进了山区学校。

在那个乱世，父亲疲于奔命，无暇顾及子女的教育。母亲终身劳碌，陈氏夫妇先后育有 12 个子女，但最后存活下来的只有 6 个。在 6 个兄弟姊妹中，陈景润排行老三，上有兄姐、下有弟妹，这么多的孩子，不可能得到家庭的细心照料。

父母对他们只能进行粗放式管理，甚至连粗放式管理也谈不上。孩子多了，时代乱了，生活苦了。不过，在那个特殊的年代，能活下来就已经很不容易。而且，陈景润又长得瘦小羸弱，成长可能会难上加难。

那时候的陈景润就是一个沉默寡言、不善言辞的孩子，这样的孩子在学校的日子也不好过。他不仅不受别人欢迎，还常常遭到一些同学的欺负。可他偏偏又生性倔强，意味着少年陈景润的人生之路更加坎坷。一种自我封闭的内向性格就会在不知不觉中形成。

人的社会性决定了他们需要交流，孩子也不例外。这样的困境会影响孩子的正常成长，特别是对那些禀赋较差的孩子，久而久之，他们的性格、思想和行为可能会受到严重影响。和其他孩子相比，陈景润的特殊就在于他对数字和符号有一种天生的热爱，这种热爱和投入使得他忘却了人生的艰难和生活的烦恼。

陈景润对知识的渴望似乎是对人生和生活的一种弥补。开始是不知不觉，后来是专心致志。他要寻求突破，他要在知识的海洋里寻觅人生的快乐。

但陈景润毕竟还是个孩子。光埋头于书卷还远远不够。他缺乏的就是社会的亲和及同学们的关注，他缺乏的就是来自老师和家长的鼓励。从心理学的角度看，这能给孩子带来最大、最直接、最鲜活的灵感和快乐，这能使孩子从心灵上迸射出某种火花。

后来，陈景润随家人回到福州，进入福州英华中学读书。在英华中学，陈景润遇到了一个让他的人生受到很好启蒙的老师沈元。陈景润后来在回忆中说：沈元老师让他获益匪浅。

沈元可不是一般的中学老师，他是中国著名的空气动力学家、航空工程教育家、中国航空界的泰斗。他曾经在伦敦大学帝国理工学院就读，获哲学博士学位，后来成为清华大学航空系主任。

　　1948 年，沈元回到福州料理家事，那时战争还没有结束，沈元老师只好暂时留在母校福州英华中学任教，而陈景润恰恰就是他任教的那个班上的学生。

　　沈元是大学著名教授，著名教授教孩子一定会跟别人不一样。沈元老师的特点就是独出心裁和融会贯通。针对教学对象的年龄和心理特点，沈元常常结合教学内容，用讲故事的方法，循循诱导、深入浅出地介绍名题名解，很快就抓住了孩子们的心，把那些年幼的学童带到了一个出神入化的科学世界，激起他们向往科学、学习科学的巨大热情。

　　一位好的老师应该充满激情和热情，以及对宏大知识结构的把握。沈元就是这么一位老师。在一次数学课上，沈元教授给学生们讲述了一个关于哥德巴赫猜想的故事。他说："我们都知道，在正整数中，2、4、6、8、10…这些凡是能被 2 整除的数叫偶数；1、3、5、7、9…等不能被 2 整除的数叫奇数。还有一种大于 1 的自然数只能被 1 和它们自身整除，而不能被其他整数整除，这种数叫素数。"

　　同学们完全被沈老师生动、严谨的讲课迷住了。整个教室里鸦雀无声，沈老师靠教学魅力创造了一种寂静。似乎一根绣花针掉在地上也都能听见，只有沈老师沉稳浑厚的嗓音在回响。

　　"200 多年前，一位名叫哥德巴赫的德国中学教师发现，每个不小于 6 的偶数都是两个素数之和。譬如，6=3+3，12=5+7，18=7+11，24=11+13…哥德巴赫对许许多多的偶数做了测试，结果都是这样。因此，哥德巴赫猜想，每一个大偶数都可以写成两个素数之和。"沈老师讲到这里，教室里一阵骚动，数学故事非常有趣，也激发孩子们极大的求知欲望。沈老师接着说："但是猜想毕竟是猜想，不经过严密的科学论证，就永远只能是猜想。"哥德巴赫猜想确实具有非凡的魅力，但怎样去证明却是摆在眼前的难题。这时候，不仅陈景润心有所动，每个听课的孩子都会跃跃欲试。

　　沈老师继续讲他的故事："后来，哥德巴赫写了一封信给当时著名的数学家欧拉。这封信点燃了著名数学家灵感的火花，欧拉看到哥德巴赫的信快有些坐不住了，他几乎是立刻投入到这个有趣的论证过程当中。但是，十分可惜的是，尽管欧拉披肝沥胆、呕心沥血，到死也没能为这个猜想做出证明。一个中学教师的猜想难倒了著名数学家。欧拉的鞠躬尽瘁和无果而终使哥德巴赫猜想成了世界数学界一道著名的难题，200多年来，曾令许许多多的数学才俊和科坛英杰为之前仆后继，英勇奋战，最终却只能望洋兴叹。"

沈元老师的讲课犹如夜晚的火炬，一下子照亮了深邃的夜空，孩子们快要沸腾了，善于启发和抓住学生心理的沈老师很厉害，只用几分钟时间就把几十名学生的好奇心、想象力和求知欲一下激活了。

"数学是自然科学的皇后，而皇后头上的皇冠就是数论，我刚才讲到的哥德巴赫猜想，就是皇冠上的一颗璀璨夺目的明珠啊！"你看沈老师有多厉害。到这时你就会明白，善于比喻、善于形象化的语言描述、善于调动学生的情绪是老师非常重要的素质。哥德巴赫猜想的故事讲完了，给同学们留下的是一片想象的空间。对沈元老师来说，这只是一个引子。他的目的很简单，一个是引出正课，另一个是引导学生对数学的思考。有时候，后者显得更加重要。

教室里气氛热烈，同学们议论纷纷，而性格内向的陈景润却如泥塑、木雕一般。实际上，他也陷入了痴迷状态。这个沉静、少言、好冥思苦想的孩子完全被沈元的讲述带到了一个色彩斑斓的神奇世界，那里不仅有猜想，还有丰收的希望和果实的召唤。

很多同学深受启发，包括陈景润，不过陈景润已经萌生了一个更大的志向，他在心里一遍一遍地问自己："你能行吗？你能摘取数学皇冠上的这颗明珠吗？"

当然，著名教授也可能根本就没注意到他前面的课桌上还坐着一位未来的世界级天才，因为陈景润貌不惊人，甚至在当时还可能才不出众，特别是他不善于表达自己的思想。但在陈景润心里，沈老师就是一座丰碑，这座丰碑对陈景润一生的影响都是决定性的，因为他启发了陈景润的心智，使他从此建立了一个美好和宏大的愿景。

这个木讷的学生和老师之间也可能没有严格意义上的双向交流，甚至连交谈都没有过。但能有幸聆听大师讲课就算得上是一次心神之交，或许就从那一节课开始，小陈景润在心里埋下了一个美丽的理想，树立了一个奋斗的目标。或许就从那一天起，他把自己的一生都托付给这个宏伟目标了。

作为老师，"诲人不倦"应该是其基本素质，沈老师当然具备这些，更加难能可贵的是，沈老师有渊博的知识，而且很好地贯穿在了数学课堂上。他给同学们讲了许多有趣的数学知识，这些知识吸引了众多同学的目光，包括那些过去不怎么热爱数学的同学。

二、天之骄子

高中三年级那年，家境困难的陈景润辍学在家里自学了一个学期，他没有拿到高中毕业证，就以同等学力考进了厦门大学。那一年是 1950 年，是新中国成立初期。那时候的国家形势可以用一句话来形容："全国人民正唱着欢乐的革命歌曲，昂首迈步在洒满阳光的大道上。"他们热血沸腾，他们对未来充满无限憧憬。那时候的大学生是真正的天之骄子。

当时的厦门大学只有数学物理系，学数学的只有四个人，却有四个教授和一个助教指导他们学习。大学期间，他对知识充满了渴望，学习效率非常高，成绩也非常好。他从曾经的丑小鸭变成天之骄子。因为当时国家急需人才，所以他们四个人提前毕了业。1953 年秋季，陈景润被分配到了北京一所中学当数学老师。

他能当好一个中学老师吗？像曾经给他人生影响最大的沈元老师那样。事实证明，陈景润不适合当中学老师。由于他中间生病、住院耽误了一段时间，那所中学后来就不再继续聘任他了。陈景润几乎面临着失业的危险。

有一次，厦门大学校长王亚南到教育部开会。那所中学的校长遇见了他，就跟他谈起对陈景润很不满意，提了一大堆意见，说他们怎么培养出了这样的高才生？

王亚南可不是一般的大学校长，他是马克思《资本论》的翻译者，有很高的学术造诣。他听到意见后，感到非常吃惊。他一直认为陈景润是厦门大学的优秀学生。他认为这是学生分配工作不当的结果。于是，他把陈景润领回厦门大学，安排他在学校图书馆当管理员，但并不让他管理图书，只让他专心致志地研究数学。

王亚南的伟大之处在于他懂得人的价值，他知道用人之长才能最大限度地发挥一个人的潜力，这实际上也是经济学需遵循的一条规则。后来的事实确实证明了这一点，在厦大图书馆，陈景润如鱼得水，他系统学习了华罗庚的《堆垒素数论》和《数论导引》，在数学领域，这是两部非常艰深的著作。

三、哥德巴赫猜想

那么，我们就要问什么是哥德巴赫猜想？我们不妨回顾一下小学就学过的数学内容。我们知道，正整数就是 1、2、3、4、5，个、十、百、千、万这样的数字。在正整数中，凡是能被 2 整除的那些数就是偶数。除偶数之外的那些数就是奇数。这是一组概念。另外，凡是只能被 1 和它本身整除、而不能被别的整数整除的那些数就是素数，很容易举几个例子，如 2、3、5、7、11、13 等。与这个概念相对应的是，除了 1 和它本身以外，还能被别的整数整除的那些数就是合数，4、6、8、9、10、12 等都是合数。最后一个概念是素因子，一个整数如能被一个素数所整除，这个素数就叫作这个整数的素因子。举两个例子，如 9 有两个素因子，都是 3，20 有两个素因子，分别是 2 和 5。

我们想起了哥德巴赫曾经写给欧拉的信。1742 年，哥德巴赫在写给欧拉的信中提出了一个重要猜想。哥德巴赫说，每个不小于 6 的偶数都是两个素数之和，如 10 = 7+3、20 = 7+13、30=17+13。如果你愿意，这样的例子想举多少就能举多少。人总是很好奇，不厌其烦者不断突破验证的高度，据说其验证的偶数高达 33000 万，没有发现任何例外。仅凭感觉，大家都觉得哥德巴赫猜想是对的，因为 33000 万之后，仍然有无穷多的偶数，在数学上，你必须证明这一猜想的正确。证明之路却非常困难。

哥德巴赫是 18 世纪的人，在他那个世纪，没有人能够证明它，包括著名数学家欧拉。

又过了一个世纪，仍然没有人能够证明它。

进入到 20 世纪，自然科学在这个世纪发展得更快。20 世纪初，关于哥德巴赫猜想的证明似乎有了一些进展。

在哥德巴赫之前，数学家就想到了这一问题，即每个大偶数是两个"素因子不太多的"数之和。他们希望以此来逐步缩小范围，并最终证明哥德巴赫猜想。

首先接受挑战并取得成就的是挪威数学家布朗。1920 年，布朗证明每一个大偶数是两个"素因子都不超过九个的"数之和。布朗采用的是一种古老的筛法，筛法是研究数论的一种方法，布朗的研究结果告诉我们"九个素因子之积加九个素因子之积（9+9）"的科学性。

此后的几十年间，很多数学家做了很多工作，并不断取得新的进展。1924 年，德国数学家拉德马哈尔证明了（7+7）；1932 年，英国数学家爱斯斯尔曼证明了（6+6）；1938 年，苏联数学家布赫斯塔勃证明了（5+5）；1940 年，布赫斯塔勃又证明了（4+4）；1956 年，苏联数学家维诺格拉多夫证明了（3+3）；1957 年，我国数学家王元证明了（2+3）。范围越来越小，目标越来越接近（1+1）。要完成这一跨越其实非常艰难。而且，所有这些数学家的证明都是有局限性的，具体来说，就是其中的二个数没有一个是可以肯定为素数的。

很多年前，匈牙利数学家兰恩易希望能证明，每个大偶数都是一个素数和一个"素因子都不超过六个的"数之和。兰恩易拓展的这一研究领域使哥德巴赫猜想的证明在另一个范围内进行，兰恩易的付出得到了回报，他确实证明了（1+6）这个命题，时间是 1948 年。

1962 年，我国数学家、山东大学讲师潘承洞与苏联数学家巴尔巴恩才各自独立地证明了（1+5）；也是在这一年，王元、潘承洞共同证明了（1+4）；1965 年，布赫斯塔勃、维诺格拉多夫和数学家庞皮艾黎杜证明了（1+3）。

一年后，陈景润在证明哥德巴赫猜想之路上取得了新的突破。这一年5月，陈景润证明了（1+2），他的研究成果发表在中国科学院的刊物《科学通报》第17期上。最终目标（1+1）已经近在咫尺，这是当时纯数学研究领域的最大成就，轰动效应不言而喻。一时间，数学的天空似乎要闪亮了起来。

那一段时间是陈景润内心最惬意的时候。在自己热爱的岗位上，他的才智和潜能得到了充分释放。在圆内整点问题、球内整点问题、三维除数问题等方面，他都改写了历史。这些工作足以奠定他在数学丛林中的地位。

他并不就此止步。他以惊人的毅力、顽强的拼搏精神向哥德巴赫猜想挺进。在那些非常平凡的日日夜夜，陈景润为了证明哥德巴赫猜想，有时候连饭都忘了吃，常常工作到深夜，他的运算手稿积累得越来越多，那都是他思考和探索的见证。

似乎哥德巴赫猜想才是他生命的全部，他为此奉献出了自己一生的心血，从论文的厚度可见陈景润付出的多少。

著名数学家、数学研究所的闵嗣鹤老师仔细阅读了陈景润（1+2）命题的论文原稿。面对厚达200多页的长篇论文，闵嗣鹤老师非常耐心，做了细致的检查和核对。最终他确信陈景润对该命题证明的科学性。其实在陈景润之前，欧洲国家的科学家在证明（1+3）时就用到了大型的高速电子计算机。而陈景润完全靠自己的一双手运算，工作量之大可以想见，200多页的长篇论文就是见证。闵嗣鹤老师给陈景润说，论文太长了，发表也有一定困难。

四、炼 狱 之 苦

就在陈景润踌躇满志、准备要继续在纯粹数学领域进行深入研究的时候，中国爆发了"文化大革命"。在当时的历史条件下，像陈景润这样的知识分子成为人们的批判对象。但陈景润研究的数学实在是太高深了。要批判他，你必须知道他干了些什么。理解一个人很难，理解一个数学家更不容易，理解陈景润无异于攀登蜀道。

陈景润本来就不善言辞，他的解释就更加语无伦次。再说，这是一个十分深奥的数论问题，怎么能一下子解释清楚呢？他只能说，"1+1"和"1+2"只是一个通俗化的说法，并不是我们平常所说的1+1和1+2。

当然，也有很多善意和同情，以及对他的工作的支持，包括他的一些领导和同事们。他们犹如冬天里的一把火，给陈景润的内心带来了温暖和光明。在那个他想置身事外却身不由己的历史时期，他唯一的心灵安慰就是数学。只有在数论这个丛林中，他才能找到一种"悠然见南山"的感觉，他才能在人类思维的花丛中流连忘返。

那些数学公式也是一种世界语言。学会这种语言才有可能走近它们。它们里面贯穿着最严密的逻辑和自然辩证法。它们是在展望宇宙的宏大结构中诞生的，它们是在探粒子之微的征途中诞生的。能进入这样高深的数学领域的人，一般来说，并不很多。

在世界数学的数论方面，有30多道难题，陈景润已经攻克了其中的六七道，对他来说，这是必不可少的锻炼，在这个基础上，他才有可能向哥德巴赫猜想挺进。为此，陈景润几乎耗尽了全部心血。

陈景润后来说："1965年，我初步达到了'1+2'。但是我的解答太复杂了，写了200多页的稿子。"

数学论文的基本要求表现在两个方面：一是正确性，二是简洁性。譬如说两地之间可能有许多条路，但选择一条最准确无误又最短最好的路是从数学的角度解决问题的基本要求。

陈景润的论文长达200多页，它确实没有错误，但走了远路，绕了点儿道。国外没有承认它，也没有否认它，因为当时没有发表。一期刊物才多少页？200多页的论文怎么能发表呢？

他的论文题目是"大偶数表为一个素数及一个不超过二个素数的乘积之和"。作为结果的定理就是那个"陈氏定理"。这篇论文是在

哥德巴赫猜想

数学家陈景润

"文化大革命"时期诞生的,这篇论文凝聚着一个特殊时代的历史痕迹和一个人的全部心血。

五、春天的脚步

1973 年春天,邓小平同志恢复工作,各行各业开始整顿,人们看到了乌云背后的一线亮光。当时的新华社记者对陈景润进行了采访。写了一篇报道,发表在新华社的内部刊物上。其中的一小段提到了陈景润的经历,赞扬了他的刻苦钻研精神。特别强调了取得重大科研成果的陈景润还住在一间烟熏火燎的只有 6 平方米的小房间里。记者说他:"生活条件很差! 疾病严重!! 生命垂危!!!"这件事引起了中央领导的注意。直到这时,陈景润生命的春天才算真正出现。

伴随着陈景润论文的发表,世界数学界知道了他的工作,甚至连不懂数学的人也知道了陈景润这个人。当时,英国数学家哈勃斯丹和联邦德国数学家李希特正在出版其著作《筛法》。在校印之际,两位数学家看到了陈景润的论文,马上在《筛法》中增加了一章,章标题就是我们熟悉的"陈氏定理"。两位数学家对"陈氏定理"给予了充分肯定。

六、故事的意义

我们知道,有一种科学成果经济价值明显,可以用货币衡量它的价值,这叫作"有价之宝";还有一种科学成果看不出什么经济价值,或其经济价值不可能用数字来估算，这叫作"无价之宝"。陈氏定理就属于后一种。

从某种程度上说，陈景润的人生故事不是学校教育的成功，而是他以独特的方法为自己赢得了发展空间。枯燥无味的代数方程式成为他唯一的乐趣，也使他在精神上充满了幸福。

从生活的角度看，很多人可能无法认可陈景润，也很难逼迫自己去走陈景润那样的道路。但一个著名数学家就是这么诞生的，这是谁也改变不了的事实。

对于陈景润来说，这样的人生道路也一定是他的精心选择，如果他当初不做出这样的选择，生活中仅仅多了一个世俗的陈景润，而一个著名数学家将会缺席我们的历史。

所以，我们对陈景润深怀着敬意。因为他为数学事业的发展做出了伟大贡献，因为他在世界数学领域拥有了一席之地。

第十五章

故事的延伸

　　讲完了陈景润的故事，我们再回到欧洲，介绍另外几个重要故事。其中包括业余数学家费马提出的奇妙定理、非欧几何学的创立、黎曼和他的几何学，以及神童高斯的数学人生。

一、费马大定理

　　费马生活在 17 世纪，家境富有，生活优裕。在 17 世纪的法国，律师是一个受人尊敬的职业。费马大学毕业后当了一段时间律师，后来成为图卢兹议会的议员。但费马留给人们印象最深的是他对数学的贡献。在数学方面，费马并非科班出身，但他对数学非常热爱，并且把这种热爱演化到极致，最终成为数学发展史上最杰出的数学业余爱好者。费马一生给人类留下了大量极其美妙的定理。这里介绍其中的一个定理。费马提出了这个定理，并没有留下证明这个定理的文字，据说仅仅是由于一时疏忽。

　　当时的情况是这样的。

　　费马喜欢读书和思考，而且把思考的结果非常简略地记述下来。据说有一次，他在阅读古代数学家的著作时很有感悟，在著作旁边的空白处写道："……将一个高于 2 次的幂分为两个同次的幂，这是不可能的。对于这个问题，我确信我发现了一种非常美妙的证法，可惜这片纸的空白太小，实在写不下了。"

　　文献中说得更加具体，说费马有一天下午阅读希腊化时代晚期的数学家丢番图的著作《算术》时，突然间有灵感涌现，于是在这本拉丁文著作的第 11 卷第 8 命题旁，费马写道："将一个立方数分成两个立方数之和，或一个四次幂分成两个四次幂之和，或者一般地将一个高于二次的幂分成两个同次幂之和，这是不可能的。"

　　费马的意思很清楚，他知道怎么证明这个定理，由于纸片太小就给忽略了，被费马忽略的这个定理就是我们非常熟悉的"费马大定理"，用数学语言表述，就是不可能有满足 $x^n+y^n=z^n$ 的式子。这是费马给后世数学家提出来的严峻挑战。为了寻找这个定理的证明，无数数学家发起了一次又一次冲锋，但都败下阵来。

在数学发展史上，"费马大定理"创造了一种挑战极限的方式，很多人对费马提出的这个定理很好奇，试图去证明它。1908 年，一位德国富翁曾经悬赏 10 万马克的巨款，奖励第一个能够完全证明"费马大定理"的人。直到 1994 年，英国著名数学家安德鲁·怀尔斯（Andrew Wiles，1953—　）终于证明了"费马大定理"，解决了这一历史悠久的数论问题。

二、欧氏几何与黎曼几何

欧氏几何当然有不完善的地方。后来，人们发现，一些被欧几里德作为不证自明的公理却不尽然，随着时间的推移，遭到了越来越多的质疑和怀疑。

比如关于"第五平行公设"问题，欧几里德在《几何原本》一书中断言："通过已知直线外一已知点，能作且仅能作一条直线与已知直线平行。"

在普通平面当中，这个结果还能够得到经验的印证，但在球面中（球面无处不在，地球就是个大曲面），这个平行公理却是不成立的。俄国数学家罗伯切夫斯基和德国数学家黎曼在经过长期思考后，创立了球面几何学，也就是我们常说的非欧几何学（Non-Euclidean geometry）。在这里重点介绍黎曼几何。

举个例子来说明欧氏几何与黎曼几何的区别和联系。

欧氏几何将我们的视野局限于一个平面，绝对平面才是它所研究的对象。欧氏几何也把我们的生活范围局限在一个绝对平的世界里。那个世界是二维的。在那里，三角形的三条边是平直的线段。

实际上，我们不可能生活在一个绝对平的世界里。我们生活的世界远比《几何原本》中规定的要复杂。这里只能做一个假设，假设我们蜷缩在一个双曲面上，比如说像一口锅，那就是我们生活的空间，或一种空间模型。这时候我们可以继续完成下面的演绎，如果我们画一个三角形，三角形的每一个动点都囿于那个双曲面，这时，我们将会发现，我们所画的这个三角形的三条边已经不是直线了，这样的三角形就是罗氏三角形，它是俄国数学家罗伯切夫斯基最先发现的。

我们知道，罗氏三角形的三个内角和不会超过 180 度，不管我们怎么画，都不会有例外。这时，我们开始完成一个几何操作，即把罗氏三角形所在的双曲面展开、最后变成绝对平的面。我们发现，原来的罗氏三角形最终变成了欧氏（欧几里得）三角形，这时候再去看看其内角和是多少。

欧氏三角形正是我们在初中数学的平面几何里学习的内容。我们知道，平面上两点间的最短距离是线段，但在非欧几何中，双曲面上两点间的最短距离是曲线。道理很简单，那是因为空间的维度不同，一个是平面，另一个是曲面。平面上的所有几何操作都不能离开平面，同样道理，曲面上的所有几何操作只能局限在曲面上。

继续进行我们的演绎。我们开始展开双曲面，最终使其成为平面，成为平面后，我们的几何操作朝着平面的另一个方向继续往下进行。这时，我们看到的是椭圆面或圆面。如果我们再在其上画三角形，结果却发现了一个相当惊人的事实，这个三角形的内角和总是超过了180度，而两点间的最短距离还是曲线，这样的几何就是黎曼几何（是德国数学家黎曼最先发现的）。

从上面的介绍中，我们不难发现，黎曼几何、欧氏几何、罗氏几何之间可以相互转化。在数学领域，主要讲欧氏几何；在物理领域，则主要讲黎曼几何。

黎曼几何在物理上非常有用，因为光在空间并非是沿着直线而是沿着曲线传播的。我们生活的地球就是个巨大的球体，因此我们的空间也是个曲面，而不是所谓的平面。

不过，空间太巨大，个体太渺小，我们才会有平的感觉。这也是在生活中，在感觉和经验上，在一般情况下，我们并不做严格规定，而是采取了一种近似，把很多面都当成了平面，仅仅是为了方便而已。因为在很多情况下，采用这种近似几乎不影响我们的结果。

微分几何中，黎曼几何研究具有黎曼度量的光滑流形，即流形切空间上二次形式的选择。它特别关注角度、弧线长度和体积。把每个微小部分加起来而得出整体的数量。

三、黎曼的几何人生

德国数学家和物理学家波恩哈德·黎曼（Georg Friedrich Bernhard Riemann，1826—1866）生于汉诺威王国的小镇布列斯伦茨（Breselenz）。黎曼一家兄弟姊妹众多，他的父亲是当地路德会的牧师。在那个年代，牧师是一个受尊重的职业。

黎曼在汉诺威上中学，那时候他和祖母在一起生活。祖母去世后，他转学到了吕内堡（Lüneburg）的约翰纽姆（Johanneum）。

1846年，黎曼考进哥廷根大学，专业是哲学和神学，在一定程度上也算是圆了父亲的一个梦。哥廷根大学最终没有把黎曼培养成一位哲学家或神学家，黎曼后来成为一位几何学大师要归功于他对数学的痴迷。进入大学后，黎曼旁听了很多数学课，觉得数学是一门非常神奇的学科，后来干脆以数学为专业。大学期间，黎曼去柏林大学访学，数学家C.G.J.雅可比和P.G.L.狄利克雷的精彩讲课给黎曼留下了深刻印象。两年后，黎曼回到哥廷根大学。黎曼后来获得博士学位，以数学为终生职业。

黎曼在数学方面的贡献非常大，他论证了复变函数可导的必要充分条件——高等数学复分析中的柯西－黎曼方程。借助德国数学家狄利克雷提出的狄利克雷原理（离散数学中的重要内容），黎曼阐述了黎曼映射定理（即复变函数几何理论最基本、最重要的定理），这一工作成为函数的几何理论的基础。

稍后不久，黎曼定义了黎曼积分。黎曼积分的核心思想是通过无限逼近来确定一个函数的积分值。黎曼研究了三角级数收敛的准则，扩展了曲面的微分几何研究。数学家高斯在这方面做了很多奠基性工作，黎曼对空间的理解引起了众多数学家的关注，特别是他用流形的概念为基础提出的几何思想。在此基础上，黎曼建立了黎曼空间的概念，这一概念把欧氏几何、非欧几何统一在自己的体系中。

黎曼引出了黎曼曲面的概念，将阿贝尔积分（即椭圆积分和超椭圆积分的推广）与阿贝尔函数（即椭圆函数和超椭圆函数的推广）的理论研究向前推进了一步，黎曼从不同角度对黎曼曲面做了深入研究，包括拓扑、分析、代数、几何等方面，黎曼提出的一些概念直接影响了代数拓扑的研究方向。

在考察有关素数分布时，黎曼提出了黎曼 ζ 函数，黎曼 ζ 函数的定义为：设一复数s，其实数部分＞1，而且：在区域 $\{s: \text{Re}(s) > 1\}$ 上，此无穷级数收敛并为一全纯函数。黎曼给出了 ζ 函数的积分表示，提出了满足其积分形式的函数方程。在此基础上，黎曼提出了著名的黎曼猜想 [是关于黎曼函数 $\zeta(s)$ 的零点分布的猜想]。直到今天，这一猜想仍未解决。

1866 年，黎曼因肺结核去世，年仅 40。一代英才过早地离开了世界，但他的思想至今仍然影响着数学界和物理学界。虽然与黎曼有关的数学很深奥，在大学以后才会涉及，但在数学发展史上，黎曼对数学分析和微分几何做出了重要贡献，其中一些为广义相对论的发展铺平了道路。

数学中有很多理论与名词是以黎曼的名字命名的，如黎曼 ζ 函数、黎曼积分、黎曼引理、黎曼流形、黎曼映照定理、黎曼－希尔伯特问题、黎曼思路回环矩阵和黎曼曲面。

在一篇"论作为几何基础的假设"的论文中提出了黎曼几何的思想，这一思想为后来爱因斯坦的广义相对论提供了数学基础。

黎曼的数学思想体现了非常独特的创新精神，他的思想影响了数量广大的数学家，使他们的研究工作沿着更好的方向发展。黎曼提出的很多定理被后来的数学家论证过。在黎曼思想的影响下，数学界曾有过一个出思想、出人才的辉煌时期。

在解析数论方面，黎曼提出用复变函数（特别是 ζ 函数）作为工具，拓展了单复变函数论的研究空间，促进了解析数论的发展。

微分几何中，黎曼几何研究具有黎曼度量的光滑流形，即流形切空间上二次形式的选择。所以，也把黎曼流形上的几何学叫作黎曼几何。黎曼几何研究的对象要素包括角度、弧线长度和体积。各要素的组合就构成了黎曼几何的空间性质。

黎曼一生的工作并不仅限于纯数学，实际上，黎曼的很多数学思想有重要的应用价值，如偏微分方程在物理学中的应用，黎曼几何是研究广义相对论的有力工具等，黎曼英年早逝是世界数学界的巨大损失，如果他能活到数学家欧拉那个年龄，他的贡献一定会更大。

四、算的技巧——高斯的故事

1. 从一道计算题开始

算的技巧非常重要，特别是对于数学而言。讲一个高斯的故事就可体会一二。这个故事发生在高斯念小学的时候。有一次，老师讲完了加法，想出去休息一下，便出了一道题目让同学们算算看，这道题目是

$$1+2+3+\cdots+97+98+99+100=?$$

老师有些自鸣得意，认为这下小朋友们一定要算到下课了吧！他正要出去时，高斯却举起了手，报告说自己已经算出来了。老师感到很奇怪，问答案是多少，高斯说是 5050。

老师心里暗暗吃惊，确实是这个值。但自己并没有教给他算的技巧，他怎么能这么快就算出来呢？同学们，你猜猜看，高斯是怎么算出来的？

高斯告诉老师，他把 1 加到 100 与 100 加到 1 排成两排相加，也就是说：

$$1 + 2 + 3 + 4 + \cdots + 96 + 97 + 98 + 99 + 100$$
$$100 + 99 + 98 + 97 + 96 + \cdots + 4 + 3 + 2 + 1$$
$$= 101 + 101 + 101 + \cdots + 101 + 101 + 101 + 101$$

共有 100 个 101 相加，但算式重复了两次，所以 10100 除以 2 就是答案。

那一年高斯 9 岁。对于一个只有 9 岁的孩子来说，这可不是一般的难题，这实际上是一个等差数列的求和问题。

就在高斯等待老师评判的时候，有的孩子却在进行叠加计算，连计算任务的 1/10 都没有完成，有的孩子很茫然，坐在那里，两眼瞅着屋顶，一脸无所适从的样子，有的孩子快要睡着了。

这件事情看起来是一件小事，但对高斯的影响却挺大。它给高斯某种激励，增加了高斯对数学的兴趣和热爱。从那时起，高斯的数学成绩就远远超出了其他同学，这也奠定了他以后的数学基础。

2. 童年故事

高斯生于布伦瑞克（Brunswick），位于现在德国的中北部。他的祖父是农民，父亲是泥水匠，母亲是一个石匠的女儿，虽然没有接受过任何正规教育，却很聪明。高斯的舅舅很聪明，对小高斯很照顾，偶尔会给他一些指导。高斯的父亲却是一个大老粗，认为凭力气挣钱是穷人的本分。

据说高斯 3 岁时就能指出父亲账册上的错误。那还是一个纯粹玩耍、练习说话的年龄，小高斯却展现了如此过人的才华，真是很不简单啊。人们常说："三岁看老。"高斯的故事还真是验证了这一个古老说法。

不管传说是否真实，3 岁时就能纠正父亲账目错误的事情已经成为高斯一生重要的轶事之一，甚至还写进了某些书中。但高斯后来取得的巨大数学成就千真万确，善于进行复杂的计算是高斯的天赋，它成就了高斯的一生。

　　7岁时，高斯开始读小学。家里条件不好，又住在落后的农村，根本不要指望什么优质教育资源。他常常坐在破旧的教室里，听老师三心二意地讲课。

　　高斯9岁时，就发生了上面"从1加到100"的故事。这件事情显示了高斯的数学才华。老师知道，凭自己的能力很难教给高斯更深奥的数学知识。于是，他就从汉堡买了一本较深的数学书送给高斯。老师也还算爱才，也有些良心。

　　老师还有个助教，叫巴特尔斯（Bartels）。他比高斯差不多大十岁，助教热心专业，对高斯也另眼相看，重要的是，这个助教的能力远在老师之上，他后来成为大学教授，他教给了高斯更多的数学。到最后，助教也觉得自己很难再教高斯了。

　　有一天，老师和助教决定家访，他们拜访了高斯的父亲，希望他配合学校好好培养高斯，以便于今后能够接受进入大学更好的教育，但高斯的父亲是个老脑筋，他认为儿子应该像他一样，今后也能够靠力气养家糊口。再说，他也没有钱让高斯继续读书。这次家访的唯一收获是免除了高斯每天晚上织布的工作，让他有更多的时间学习。

3．故事的延伸

　　少年时期，高斯就显露出了很高的数学天赋。12岁时，高斯对元素几何学中的一个基础证明提出了质疑；中学还没有毕业，高斯就意识到，在欧几里得几何之外，一定会产生一门新的几何学；他还推导出了二项式定理的一般形式，在无穷级数研究中应用了他的结果，这一工作属于数学分析的范畴，充分反映了高斯的数学才能。

　　首先发现高斯在数学上具有异乎寻常天赋的人就是那个不安于乡村教育的老师和他的助教，他们对高斯的偏爱和鼓励对这个天才儿童的成长也有重要影响。还有其他人帮助和资助了高斯，这使高斯下定决心要读大学，要提高自己。

　　高斯先后在布伦瑞克的卡罗琳学院和哥廷根大学接受了高等教育，读大学时，他用尺规构造出了规则的17角形。高斯家里经济拮据，不能支付正常的教育费用，在关键时刻，布伦兹维克公爵出手相助，才使高斯读完了博士。博士毕业后，在著名学者洪堡（B.A. Von Humboldt，1769—1859）的相助下，高斯成为哥廷根大学的教授和当地天文台的台长，那是 1807 年。

成为教授后，高斯并不热衷于教书育人，是不是受他小学老师的影响就很难说了。而且，他在大学开的课，大部分是天文学方面的，只有在当教授的第一年讲过一次数论，其中涉及最小二乘法及其在科学中的应用。但他的学生中，有很多人成为有影响的数学家，如后来闻名于世的黎曼（创立了黎曼几何学）。

欧几里得从他的几何模型中得到了一些基本公理，这些基本公理是构造欧氏几何系统的出发点。平行线公理是其中之一，这一公理告诉我们，通过不在给定直线上的任何点只能作一条与该直线平行的线。高斯在系统考察了平行线公理后认为，可能存在一种不适用平行线公理的几何学。

高斯的一部分研究与天文学有关。众所周知，火星和木星间有广大的虚空空间，有天文学家认为，在那个虚空空间里应该还有未被发现的行星。高斯利用天文学家提供的观测资料，采用"最小平方法"计算了虚空空间里这个小天体的轨迹，准确地预测了它的位置，这个小天体不是行星，而是小行星，它就是谷神星（Ceres），谷神星是太阳系中最小、唯一位于小行星带的矮行星。一年之后，他又准确预测了智神星（Pallas）的位置。这使高斯在天文学界赢得广泛声誉。

高斯有一个特殊爱好，就是他喜欢搜集各种数据，为此他几乎每天都要到哥廷根图书馆的阅览室，摘抄报刊上的那些数据，时间一长，哥廷根大学的师生都知道了高斯的这一爱好。高斯善于理财投资，而且收益颇丰，据说这与高斯善于分析他收集到的那些数据有密切关系。

4. 杰出人生

1855 年 2 月 3 日清晨，高斯在睡眠中去世。高斯的葬礼非常隆重，人们称赞他是旷世天才。为纪念高斯，他的故乡布伦瑞克改名为高斯堡，哥廷根大学为高斯立了一个正十七棱柱为底座的纪念像。前文已提及，高斯在哥廷根大学读书时，曾用尺规构造出了规则的 17 角形。

$$1+2+3+4+\cdots\cdots$$
$$+96+97+98+99+100=?$$

数学家高斯

高斯几乎所有的研究工作都收录在《高斯全集》中，这部鸿篇巨制的出版历时 67 年（1863—1929 年），由众多著名数学家参与完成。全集共分12卷，主要涉及数论、数学分析、概率论、几何、数学物理、天文、测地学、代数，以及其他作家和科学家对高斯的数学和物理学工作的评论等。

高斯的研究视野十分广阔，留下足迹最多的是数学，其次是天文学和物理学，后者只是用数学的原理解决客观问题而已。很多有才华的青年对高斯非常崇敬，他们中的一些人后来成为数学家，为数学的发展做出了重要贡献。

历史对高斯的评价很高，说他的一生是不平凡的一生。慕尼黑博物馆悬挂着高斯的画像，画像上有一首诗：

> 他的思想深入数学、
> 空间和大自然的奥秘；
> 他测量了星星的路径、
> 地球的形状和自然力；
> 他推动了数学的进展，
> 直到下个世纪。

高斯不是一般的天才，他几乎就是一个全才，他是德国著名数学家、物理学家、天文学家、大地测量学家。在这些"家"里面，一个人如果能拥有其中之一，就已经很了不起了。他也不是一般的著名，他有"数学王子"的美誉，他被人们誉为历史上最伟大的数学家之一，他和阿基米德、牛顿、欧拉同享盛名。

第十六章

从数学到哲学

　　弗兰西斯·培根在其著作《新工具》中批判了经院哲学家所坚持的亚里士多德那一套科学推理程序，提出了自己的实验归纳方法论。

　　笛卡儿提出的数学演绎更是别具一格，笛卡儿和培根都是重要哲学家，除此之外，笛卡儿在数学和力学领域也做出了重要贡献，很多工作具有开创性质。笛卡儿给我们留下印象最深的是"我思故我在"的名言和笛卡儿坐标系。

　　罗素也是一位重要哲学家和数学家，他同时还是一位重要的逻辑学家。《西方哲学史》是具有世界影响的学术著作，他的另外两本数学著作同样具有划时代的意义。

一、笛卡儿——我思故我在

笛卡儿是近代科学革命时期的著名哲学家和科学家，被人们誉为"近代科学的始祖"。他曾经说过的最著名的一句话就是"我思故我在"。

1. 人生步履

1596 年 3 月 31 日，勒内·笛卡儿生于法国安德尔‐卢瓦尔省的图赖讷拉海的一个贵族家庭。笛卡儿的父亲是安德尔‐卢瓦尔省地方法院的法官，同时还兼任雷恩布列塔尼议会的议员。还在襁褓之中时，笛卡儿的母亲患肺结核去世，由于受到传染，笛卡儿尔小时候身体就很虚弱。

母亲去世后，父亲离开了安德尔‐卢瓦尔省，笛卡儿跟外祖母一起生活。父亲虽然不经常回来，但一直给家里寄钱，小时候的笛卡儿能够接受良好的教育就与此有关。有外祖母的细心呵护，笛卡儿在孤独但也寂静的环境中无忧无虑地生活着。

8 岁左右，笛卡儿进入位于拉弗莱什耶稣会的皇家大亨利学院学习。皇家大亨利学院是当时欧洲最有名的贵族学校。经济基础支撑了父亲的最大梦想，那就是把笛卡儿培养成未来的神学家，"望子成龙"的心情也可以理解。笛卡儿身体孱弱，学校老师并没有严格规定笛卡儿的作息时间。笛卡儿就有了很大空间，一个数学家和思想家性格的形成可能与此有关。

在皇家大亨利学院，笛卡儿接受了传统的科学文化教育。在学习过的十几门课程中，最感兴趣的还是数学，其他很多课程很难吸引笛卡儿。尽管如此，他的很多课程还是合格结业，这些课程包括古典文学、历史、神学、医学、法学、哲学和其他自然科学。

从皇家大亨利学院毕业后，笛卡儿考进普瓦捷大学。刚进入大学校门，笛卡儿对一切都感到新鲜。他本来就有强烈的求知欲，渴望得到各种知识的滋润，但他最感兴趣的还是数学。笛卡儿在大学学习的专业是法律和医学，大学毕业后最适合的职业应该是律师或医生。但笛卡儿还没有想好以后要做什么。犹豫不定之际的笛卡儿选择了旅游。他决定游历欧洲各地，开阔视野，也给自己一个缓冲的机会。

1618 年，笛卡儿来到荷兰，加入荷兰拿骚的毛里茨军队，渴望在战争中锻炼自己。那时候，荷兰与西班牙之间刚刚签订了停战协定，亲历战场已经没有可能。笛卡儿倍感失望，失望之余，利用空闲时间学习数学。

3 年后笛卡儿退伍，回到了内乱不断的法国。一年后，笛卡儿变卖掉父亲留下的资产，开始了长达 4 年的欧洲之旅。这 4 年时间，他主要待在意大利，最后 1 年来到巴黎。那时候，教会势力庞大，宗教问题敏感，知识分子的自由度并不大。又过了 3 年，笛卡儿移居荷兰，在那里一住就是 20 多年。他曾经在那里当过 3 年军人，对荷兰有比较多的了解。正是在荷兰，笛卡儿深入研究了哲学、数学、天文学、物理学、化学和生理学，取得了很多成果，他的主要著作几乎都是在荷兰完成的。

这是有事实根据的。笛卡儿在荷兰出版了多部著作和论文，包括《指导哲理之原则》（1628 年）、《论世界》（1634 年）、《屈光学》（1637 年）、《气象学》（1637 年）、《几何学》（1637 年）、《形而上学的沉思》（1641 年）、《哲学原理》（1644 年）。这些著作和论文涉及了哲学、天文学、光学、数学等学科。这时候，笛卡儿已经是欧洲著名的哲学家了。

1649 年，受瑞典女王克里斯蒂娜之邀，笛卡儿来到斯德哥尔摩担任女王的私人教师，有些御用的意思，在世俗目光看来，当然荣幸无比。但其中更多的是辛苦，不仅要面对斯堪的纳维亚半岛的寒冷气候，面对女王特殊的作息时间，还有根据女王的要求认真备课，仔细想来，这还真是一个艰巨任务呢。数学很抽象，但很单纯，讲起来可能更加容易，女王当然不会学数学，他希望与笛卡儿讨论哲学，哲学说起来博大精深，有些话题其实也很敏感。笛卡儿最终没能熬过瑞典少有的严寒。在那片素有"熊、冰雪与岩石的土地"上，笛卡儿不幸得了肺炎。1650年2月，笛卡儿去世，享年54岁。

2. 数学成就

笛卡儿的数学成就主要集中在"几何学"方面。在笛卡儿之前，人们认为几何与代数是数学中两个不同的研究领域。在欧洲社会，相对于几何，代数还是一门新兴科学，很多数学家在处理很多代数问题时喜欢用几何思维。

笛卡儿是自然哲学家，特别注意方法论在学术研究中的指导作用，欧氏几何最大的优点是直观，但也有不足，笛卡儿认识到了这种不足，因为它过分依赖于图形，这在一定程度上会成为一个人想象力的障碍。笛卡儿认为，代数学应该从属于法则和公式。几何与代数的优点结合起来才是一个好选择，只有将两者结合起来，数学发展的前景才会更好。

基于这种思想，笛卡儿创立了平面直角坐标系。他选取平面直角坐标系中的两个坐标轴为参照，用平面上的一点到两个坐标轴的垂直距离来确定点的位置，这就是我们今天非常熟悉的坐标，它可以描述空间的任何一个点。

笛卡儿引入了坐标系及其相关运算概念，将几何图形用代数方程表达，结果我们就可以用代数方法求解几何问题，"解析几何"的概念由此而生，这其实是数学方法的重大创新。在笛卡儿勾画的理论体系中，总结了解析几何的主要思想方法，对其未来发展做了展望。在《几何学》中，笛卡儿将逻辑、几何、代数方法结合起来，通过讨论作图问题，使解析几何耳目一新。

解析几何学的创立，改变了自古希腊以来代数与几何相互分离、我行我素的性质，使"数"与"形"统一在一个数学体系中，而在过去，它们似乎是相互对立的。在笛卡儿体系中，几何曲线与代数方程互为表里。数和形的融合是一个伟大创举，这一融合向世人证明，几何问题可以归结成代数问题，也可以通过代数转换来发现、证明几何性质。

在笛卡儿的几何思想中，植入了运动形式，采用了变量观念。他把曲线看成是点的运动轨迹，有了这个前提，很快就将点与实数互为关联，建立了曲线与方程的对应关系，使"形"和"数"这一对范畴很好地融合在一起。

在此基础上，笛卡儿把我们从常量数学带入变量数学。变量的引入以及这种对应关系的建立直接导致函数概念的形成，这是数学在思想方法上发生的重要转折。笛卡儿数学思想的创新性显而易见，因为它拓展了变量数学的研究空间，笛卡儿的数学思想被牛顿和莱布尼兹所借鉴，并融会贯通在自己的研究工作中，微积分的发明就是这一树枝上开出的绚丽花朵。

在笛卡儿那个时代，拉丁语是知识界的语言。笛卡儿尊重这一习惯，经常在他的著作上签上自己的拉丁语名字——Renatus Cartesius（瑞那图斯·卡提修斯）。所以，在一些教科书中，也有把笛卡儿坐标系叫作卡提修斯坐标系的。

笛卡儿是一位勇于探索的科学家，他对现代数学的发展做出了重要贡献，我们不会忘记几何坐标体系的函数化表述。笛卡儿的研究工作具有开创精神，解析几何之父是后世送给他的桂冠。他所建立的解析几何在数学发展史上具有划时代意义。

3. 数学之外

在物理学方面，笛卡儿同样表现出色。他在数学方面的敏感和准确推测帮助他完成了一些重要的物理发现。当他看到了约翰尼斯·开普勒的光学著作后，开始关注透镜理论，为此还磨制了一些透镜。他从理论和实践两方面对光的反射与折射进行了研究，这些研究涉及光的本质。笛卡儿认为，光的特性是"瞬时"传播。

笛卡儿认为，在整个知识体系中，光学理论应该占有重要地位。他的有关光的本性的概念却是在《哲学原理》中提出的，而且还很完整。他把坐标几何学应用到光学研究领域，在《屈光学》中，在理论上对光的折射定律进行了研究。由于此项工作，在光学领域，人们把光的折射定律的发现他与荷兰的物理学家斯涅耳。在《哲学原理》中，笛卡儿对力学和动量守恒也有论述。

在天文学方面，笛卡儿用机械论观点探讨了宇宙演化，形成了宇宙发生与构造的学说，即所谓的漩涡说。他借助于力学而不是神学，解释了太阳、行星、卫星、彗星乃至整个天体的形成过程。他认为，太阳周围有巨大漩涡，天体运动来源于惯性和某种宇宙旋涡所产生的压力，各种大小不同的旋涡中心将有可能孕育出某一天体系统。

这就是太阳系起源的旋涡模型。笛卡儿的宇宙演化学说肯定会引起教会的不愉快。一个世纪后，康德提出了星云理论。又过了几十年，拉普拉斯完善了星云理论。可以说，在整个 17 世纪，笛卡儿的漩涡说是最有权威的宇宙论。

在天体演化说方面，笛卡儿的旋涡模型和近距作用的观点开辟了人们认识遥远宇宙的新视野。他的整个思想体系一脉相承，包括哲学思想，笛卡儿的科学思想即丰富又严密，在笛卡儿思想面前，神学思维和经院哲学理论表现得越来越不可靠。

4. 哲学思想

我们对笛卡儿的了解更多地表现在哲学方面。说到笛卡儿，我们就想起了"我思故我在"这一名言。没有思维，怎么能意识到自己的存在？换个角度看，思考确实是唯一确定的存在。顺着这一思路，你就能理解或走进这一伟大哲学家了。

笛卡儿是二元论者，也是一个理性主义者。笛卡儿是著名数学家，数学家一定会用数学的眼睛看世界，在哲学研究中，他也常常使用数学方法。他相信，与感官的感受相比，理性在很多时候更重要，它是我们理解陌生世界的可靠工具。笛卡儿说，我们在做梦时，以为自己身在一个真实的世界，其实这只是一种幻觉。这不由让我们想起了梦蝶的庄周。

笛卡儿是二元论唯心主义的代表人物，他提出了"普遍怀疑"的主张，是欧洲近代哲学的奠基人之一，黑格尔称他为"现代哲学之父"。在哲学上，笛卡儿自成体系，他融唯物主义与唯心主义于一体，他的哲学思想深刻影响了之后的几代欧洲人，所谓的"欧陆理性主义"哲学主要归功于笛卡儿。

在形而上学或本体论方面，笛卡儿同样表现出典型的二元论倾向。他将此作为形而上学中最基本的出发点，从这里得出结论，真实的

"我"必定独立于肉体，并且思维着。笛卡儿还试图循着这一思路证明上帝的存在。在笛卡儿心目中，上帝就站在完美实体的概念之上，上帝是有限实体的创造者和终极的原因。

在自然哲学观方面，笛卡儿认为，所有物质实际上就是一架机器，它的存在或运行均受某一规律支配，包括人类本身，这一认识与亚里士多德的思想大相径庭。不过，笛卡儿同时又认为，在物质世界之上存在着一个精神世界。世界的深刻和复杂在这里其实已经无意识地显露在人们面前，这是二元论观点的另一种表现形式，深刻影响了后来欧洲人的思想。

1633年，笛卡儿准备出版一本书，书稿早已完成，书名也已想好，就叫"世界"。恰在此时，罗马教廷判伽利略终身监禁，因为伽利略在其著作《关于托勒密和哥白尼两大世界体系的对话》中支持了哥白尼的日心说，而对教会进行了或明或暗的嘲讽。笛卡儿远在荷兰，虽然教会对他的思想多有不满，也没怎么受到迫害。受此影响，笛卡儿还是决定推迟出版这本书，因为他在这本叫作"世界"的书中捍卫了哥白尼学说。4年后，笛卡儿出版了这本书，不过书名已经从"世界"变成了"正确思维和发现科学真理的方法论"，后世就将其简称为《方法论》，这是笛卡儿一生最有名的著作之一。

《方法论》值得所有科学家学习，包括自然科学家和哲学家。在《方法论》中，笛卡儿指出了研究问题的步骤或基本过程，很值得我们借鉴：首先是"怀疑一切"。凡是自己不清楚的东西，就不要轻易接受，对那些所谓权威的东西，首先要经过自己的切身体会和思考，绝不能盲目接受，当然也包括不能绝对地排斥；其次是如何研究或解决复杂问题。面对复杂问题，首先要将其分解为多个相对简单的问题，逐个加以研究解决。按照从简单到复杂的顺序将这些问题一一列出，先研究简单的问题，依次研究相对复杂的问题。在此基础上再进行综合。《方法论》讲的是科学研究的方法，很有参考价值。

《方法论》所涉及的科学研究方法对西方近代科学的发展起了很大的推动作用，对我们也是一个有益的启示。笛卡儿最著名的一句话"我思故我在"就出自《方法论》。

笛卡儿的方法论对于自然科学的影响是多方面的影响。不管是有意还是无意，在笛卡儿哲学研究中，常能见到数学和逻辑的影子，在演绎方法方面，笛卡儿以唯理论为根据，从自明的直观公理出发，运用数学的逻辑演绎得出结论。笛卡儿创立的这种以数学为基础的演绎法被很多自然科学家继承，包括著名物理学家牛顿，近代以来的许多科学家将这种方法和培根所提倡的实验归纳法结合起来，成为自然科学研究中的重要方法。

5. 近代科学的始祖

笛卡儿一生有很多头衔，最主要的大概是著名哲学家、物理学家、数学家和神学家，他其实也是著名天文学家。今天，笛卡儿的出生地——法国安德尔－卢瓦尔省的图赖讷拉海已经改称笛卡儿，是人们对笛卡儿的最好纪念。这本身似乎就能说明这一点，只有非常著名的人物才能获此殊荣。

笛卡儿终身未婚，康德也是这样，斯宾诺莎和莱布尼茨也是单身。对于他们来说，家庭生活的熏陶仅限于童年的记忆。

笛卡儿的哲学思想和数学思想对历史产生了深远影响。他的墓碑上只留下了这样一行字："笛卡儿，欧洲文艺复兴以来第一个为人类争取并保证理性权利的人。"他堪称 17 世纪欧洲哲学界和科学界最有影响的巨匠之一，被誉为"近代科学的始祖"。

相对来说，笛卡儿在数学和哲学方面更著名一些，他将几何坐标体系公式化，数学界普遍认为他是解析几何之父；他是近代以来哲学思想的重要奠基人，是近代唯物论的开拓者，他提出了"普遍怀疑"的主张，他的哲学思想的影响直到今天。

二、罗素——在逻辑分析与归纳之间

英国人罗素是我们熟悉的学者。在大多数人的心目中，他以哲学家的身份出现，他的重要著作《西方哲学史》在中国广为流传，是研究哲学的人必须要读的一本书。即使是一个哲学爱好者、科学爱好者或文学爱好者，都有研读这本书的必要。

其实，罗素还是一位重要的逻辑学家和数学家。1902 年，他著有《数学原则》。1910～1913 年，他与怀特海合著《数学原理》。这本书把数学归纳为一个公理体系，被公认为是划时代的著作之一。

在很多领域，他都留下了大量著作。可见这个人的聪明和才智。

1. 致力于数学研究，成绩斐然

罗素的学术生涯从研究数学开始，在取得了很大成绩后才转向哲学研究，也许是因为在数学研究方面有丰富的积淀，他一不留神就成了分析哲学的创始人之一。罗素的哲学思想以数学思想做基石，所以对普通读者来说，阅读他的文字有些费力。

1872 年 5 月 18 日，伯特兰·罗素（Bertrand Russell，1872—1970）生于英国一个贵族世家。他的祖父约翰·罗素勋爵在维多利亚时代两度出任首相，并获封伯爵爵位。他的父亲安伯力·罗素是一位激进的自由主义者。4 岁时，罗素失去双亲，由祖母抚养。尊贵的出身和童年的不幸结合在一起，或许能缔造出一个与众不同的罗素。后来的事实确实证明了这一点。

祖母也有些与众不同，据说祖母对罗素的要求非常严格，在罗素的教育方式上也不随众流。她没有让罗素上一般贵族子弟上的公学，而是让他在家接受保姆和家庭教师的教育。这造成罗素童年的孤独。青少年时期，罗素先后对数学、历史和文学感兴趣。11 岁时，他的哥哥教给他欧氏几何学，从此数学成为他一生的爱好。在启蒙教育方面，也曾得益于叔叔的帮助。祖父的书房里有大量的历史和文学著作，这里成为罗素童年时期汲取知识、形成智慧的重要伊甸园。在大量的阅读中，罗素很快发现科学和宗教之间的矛盾。17 岁时，经过慎重思考，罗素决定放弃基督教信仰。

18 岁时，罗素考入剑桥大学三一学院，学习数学、哲学和经济学，先后获得数学和伦理科学学位。大学毕业后，他与一个叫阿露丝·波尔萨斯·史密斯的美国姑娘结婚，遭到家人极力反对，但罗素主意已定，决定与妻子远走高飞。后来，他们夫妇到柏林进行学术研究，还与当时的德国工人运动有过接触。

28 岁时，罗素在巴黎遇到了意大利逻辑学家皮亚诺。皮亚诺当时正在一个哲学会议上做学术报告，报告的内容是逻辑分析。罗素当时也在进行相关问题的研究。在皮亚诺的数学逻辑系统中，罗素找到了用于逻辑分析的工具。多年来，罗素一直寻找的就是这个分析工具，它有可能使数学还原为逻辑。此后，罗素将改进的皮亚诺方法应用到分析数学中。那一段时间，罗素找到了很好的研究感觉，不断有新的发现。正是那一段时间的研究工作初步构成了罗素第一本数学著作的框架。后来经过多次修改和完善，这本数学著作得以出版，这就是罗素的《数学原则》(*The Principies of Mathematics*)，这本著作的出版对罗素和数学研究的发展都是一个重要里程碑。

罗素的第二本著作是和老师怀特海（Alfred North Whitehead，1861—1947）合作撰写的，这本著作是《数学原理》(*Principia Mathematica*)。在著作的撰写中，两个人分工明确，哲学方面的引证和论述由罗素统筹，数学方面的证明和演算由怀特海统筹，两个人齐心合力，团结合作，最终完成了 3 卷本的《数学原理》。《数学原理》不是一般的教科书，它是当时数学研究的重要结晶，也成为一个历史时期非常经典的著作。

2. 专注于哲学写作，成果卓著

此后的 30 年间，罗素主要在美国和英国漂泊，靠演讲和写作为生，虽然辛苦，成果却不少。这期间，他出版了 10 来本书，著名的《西方哲学史》是其中之一。

1944 年，罗素回到英国，接受了剑桥大学的聘请，成为三一学院声望卓著的教授。正是在剑桥大学，罗素完成了《人类的知识》(1948 年)。这也是罗素人生的最后一部重要的哲学著作。1949 年，罗素被选为英国科学院荣誉院士。1950 年，英王乔治六世向他颁发"功绩勋章"，这是英国的最高荣誉。

罗素也可称之为很有能力的社会活动家。他享有世界声誉，很多国家和大学都以能邀请到罗素做学术报告为荣。20 世纪 50 年代之后的罗素经常到世界各地演讲，他的演讲空间已经不限于欧洲大陆，中国、澳洲、美国等地也常能听到罗素的声音。各地大学、电视台和报纸是罗素演讲的重要平台。罗素的演讲稿和撰文后来汇集成了一本书——《变化中的世界的新希望》。这本书给世界提供了许多正能量，推动了人类文明的进步。1950 年在去美国普林斯顿大学演讲的途中，传来诺贝尔奖奖金委员会向他颁发文学奖的消息，获奖作品是《婚姻与道德》，获奖原因是罗素的"哲学作品对人类道德文化做出了贡献"。罗素旋即飞抵瑞典，并发表了获奖演说《政治上的重要愿望》，顺便借这个重要讲坛呼吁世界和平，表达对核战争严重后果的担忧。

罗素的重要著作还有《论几何学的基础》（1897 年）、《莱布尼茨的哲学》（1900 年）、《哲学问题》（1917 年）、《逻辑原子主义哲学》（1918 ～ 1919 年）、《数理哲学导论》（1919 年）、《哲学大纲》（1927 年）、《我的哲学发展》（1959 年）等。

罗素才华超群，是中国人所说的"多才多艺"类型。他同时是伟大的数学家、逻辑学家、哲学家、文学家和社会评论家。严格说来，作为数学家和逻辑学家的罗素比作为哲学家的罗素重要得多，他在数学和逻辑学方面的成就具有划时代的意义，他是数学中"逻辑派"的领袖。罗素的文字不仅充满了思想，也充满了机智幽默，这是他能获得诺贝尔文学奖的主要原因。

顺便说说罗素的老师怀特海，他也是一个天才，非常年轻就成了剑桥大学的教授。据说罗素在剑桥上大学时，前来上课的怀特海对罗素说："你不用学了，你都会了。"不久后他们由师生变成合作者，共同写作了划时代的著作《数学原理》。

有个故事说，有一次，罗素跟数学大师哈代说他做了个梦，梦见200 年后剑桥大学图书馆管理员正在把过时无用的书扔掉，当拿起《数学原理》时，图书管理员犹豫不决，因为他不知道该不该把这本书扔掉，罗素非常着急，这一急就把罗素急醒了。

说到罗素，不能不提《西方哲学史》，这是一部脍炙人口的哲学史著作，其全名是"西方哲学史及其与从古代到现代的政治社会情况的联系"，它在很大程度上力图从历史的角度来观察哲学思想的形成和发展，《西方哲学史》引人入胜的原因在于作者的历史眼光不亚于作者的哲学见解。该书出版后很快成为西方读书界的畅销书，确立了罗素作为一位历史学家在读者心目中的形象和地位，有许许多多的年轻人是被这本书的独特魅力吸引而走上了哲学道路的。

罗素认为，我们不能忽视历史知识的价值和意义，其原因在于历史学能开阔我们的视野，使我们在思想上和情感上不仅囿于日常生活和琐事。罗素说，哲学不仅追求知识，而且追求智慧。历史在这个根本点上与哲学是相通的。

第十七章

数学的三次危机

从哲学的角度看，矛盾无处不在。数学领域同样如此。正与负、加与减、微分与积分、有理数与无理数、实数与虚数等都是数学中的矛盾共同体。当矛盾出现的时候，就会伴随着所谓的危机。

危机其实也是一个转折点，那时候，困难与希望同在，挑战和机遇并存。一旦危机得到化解，灿烂的明天就会展现在眼前。

一、第一次数学危机——无理数的发现

数学知识由纯粹的思维而获得，不需要观察、直觉和日常经验。这样获得的数学知识是可靠的和准确的，而且可以应用于现实世界。在一定程度上，现代意义下的数学（即作为演绎系统的纯粹数学）来源于2000多年前的古希腊。

为了说明第一次数学危机，讲一个有趣的故事。

毕达哥拉斯是古希腊的著名哲学家和数学家，创建了毕达哥拉斯学派——一个唯心主义学派。这个学派认为，世界上的任何数字都可以用整数或分数表示，就是所谓的"万物皆数"。他们还把这一点作为自己的科学信条。生活中不难体会，大凡上升到信条这一高度，就有一种神圣不可侵犯的意思，是不容许别人随便说三道四的。

偏偏就有一个叫希伯斯的人触犯了这一信条。更要命的是，希伯斯还是毕达哥拉斯学派中的一员。这就有些祸起萧墙的性质。我们常说，城堡最容易从内部攻破。毕达哥拉斯学派的这个城堡面临着不攻自破的危险。

事情的起因是这样的。有一天，希伯斯发现，边长为1的正方形的对角线是一个奇怪的数。于是，希伯斯做了一番深入研究，终于得出结论，这个数既不能用整数表示，又不能用分数表示。这正是它的奇怪之处。但希伯斯的这个结论跟毕达哥拉斯学派的信条相抵触。在毕达哥拉斯看来，那就是最危险的事情。于是，毕达哥拉斯命令希伯斯不许将此事外传。希伯斯就是管不住自己的嘴，将这一秘密透露了出去。毕达哥拉斯闻讯大怒，准备将希伯斯处死。希伯斯吓得连夜外逃，但还是被抓回来扔进了大海，一个活生生的生命就被喂了鱼，一个可怜的人儿就为科学的发展献出了宝贵的生命。

希伯斯发现的这类数字，就是今天我们所说的无理数，没有道理的数嘛。无理数的发现，导致了第一次数学危机。危机当然已经化解，但有人却用自己的躯体做了祭奠。

第一次数学危机表明，几何学的某些真理与算术无关，几何量不能完全由整数及其比来表示。反之，数却可以由几何量表示出来。第一次数学危机使整数的尊崇地位受到挑战，公元前 500 年的古希腊数学观点受到极大冲击。于是，几何学开始在古希腊数学中占有特殊地位。这也进一步说明，直觉和经验不一定靠得住，而推理证明才是可靠的。

大概从那个时候开始，古希腊人开始从"自明的"公理出发，经过演绎推理，建立起了希腊式的几何学体系。这是人类数学思想上的一次革命，是第一次数学危机的自然产物。

第一次数学危机的发生和解决，使古希腊数学走上了完全不同的发展道路，形成了欧几里得《几何原本》的公理体系和亚里士多德的逻辑体系，为世界数学做出了杰出贡献。自此以后，古希腊人似乎走向了另一个极端，把几何看成是全部数学的基础，把对数字的沉思隶属于图形的考查，割裂了它们之间的某种关系。这样做的最大不幸是放弃了对无理数本身的研究，使算术和代数的发展受到很大限制。

二、第二次数学危机——对无限问题的思考

17～18 世纪，在微积分方面引起的激烈争论，就是第二次数学危机。

其实，早在公元前 450 年，第二次数学危机的萌芽就已经出现了。

当时的古希腊数学家芝诺注意到，对无限性问题的深入思考会产生一系列矛盾，芝诺经过一番沉思冥想后，提出了关于时空有限与无限的四个悖论。

悖论一："两分法"。

向着一个目的地运动的物体，首先必须经过路程的中点，然而要经过这点，又必须先经过路程的 1/4 点……依此类推，以至无穷。芝诺的结论是：无穷是不可穷尽的过程，运动是不可能的。在这个看似诡辩和荒诞的结论里含有芝诺的数学智慧。

悖论二："神龟赛跑"。

《荷马史诗》中有一个神龟赛跑的故事，说的是善跑的英雄阿基里斯永远追不上乌龟。阿基里斯总是首先到达乌龟的出发点，因而乌龟总是跑在前头。从逻辑上看，好像真是那样呢。

在大海里航行，在标有经纬线的地图上记录航船每天的位置是一件大事，这件事情有专人负责。连接所有这些位置而形成的线，就是船的航线。数学家受此启发，也希望以同样的方法在坐标图上描绘动点的轨迹。法国数学家笛卡儿最早认识到轨迹的重要意义。他是第一个建立平面坐标，引入变数，开创解析几何的人。他也是最早使用现代字母和符号来书写方程的数学家之一。

根据笛卡儿的思想和方法，我们就能够用图形的方法来解决阿基里斯和乌龟赛跑的问题了：如果以竖轴表示时间，横轴表示距离，分别以两个动点表示阿基里斯和乌龟所在的位置，那么它们赛跑的结果就会一目了然。这个所谓的悖论当然有些可笑了。

两个动点的轨迹是两条直线。两条直线交点的横坐标，就是阿基里斯追上乌龟的距离，纵坐标就是追上乌龟的时间。

悖论三："飞矢不动"。

箭在运动过程中的任一瞬间，必在一个确定位置上是静止的，因此箭就不会处于运动状态。这就叫"飞矢不动"。

悖论四："对运动的判断"。

A、B两个物体以等速朝相反方向运动。在静止的C看来，比如说，A、B都在1小时内移动了2千米，可是在A看来，B在1小时内就移动了4千米。他们的判断怎么会有那么大的差别呢？其实，这个悖论有些幼稚，但那是2000多年前，他们可能还没有坐标的概念，也没有相对性概念。芝诺产生这样的悖论也是可以理解的。

芝诺悖论不是脑筋急转弯，也不是智力游戏，它揭示了人类思想的复杂和深刻。前两个悖论诘难了关于时间和空间无限可分，因而运动是连续的观点；后两个悖论诘难了时间和空间不能无限可分，因而运动是间断的观点。

芝诺悖论并非针对数学，但在数学领域，却掀起了一场轩然大被。它说明古希腊人已经看到了"无穷小"和"很小很小"之间的矛盾，在这些矛盾面前，他们有些无能为力。从欧几里得的《几何原本》中，你就能觉察到他有意回避了什么。

后来，许多人努力了许多年，终于发展和完善了无穷小的演算，形成了专门的学科，这就是微积分。时间已经到了17世纪末。两个最著名的数学家为微积分这门学科的建立奠定了基础，这两个人就是牛顿和莱布尼茨。

他们的主要功绩是，把各种有关问题的解法统一成微分法和积分法，提出了相对明确和简洁的计算步骤，而且还提出了微分过程和积分过程互为逆运算。由于运算的完整性和应用的广泛性，微积分成为当时解决问题的重要工具。

在微积分基本思想方面，关键问题是，无穷小量究竟是不是零？无穷小及其分析是否合理？这是人们提出最多的质疑。这一质疑在数学界，甚至在哲学界引起了广泛的争论，时间长达一个半世纪，数学的第二次危机就缘于此。

"无穷小量究竟是不是零"是一个世纪难题。"说它是，或说它不是"都让人为难，它简直就是那个时代数学家拿在手里的鸡肋。

对这一难题，牛顿先后做过三种解释：1669年，牛顿说它是一种常量；1671 年，又说它是一个趋于零的变量；1676 年，又用"两个正在消逝的量的最终比"定义了无穷小量。三次的说法都不一样，可见牛顿始终处在矛盾之中。

莱布尼茨曾试图用与无穷小量成比例的有限量的差分来代替无穷小量，但是他也没有找到从有限量过渡到无穷小量的桥梁。所以，1734 年，英国大主教贝克莱才写文章攻击流数（导数），说它"是消失了的量的鬼魂"。贝克莱是著名神学家，不过那时候的神学家多半都精通数学，他虽然也抓住了当时微积分、无穷小方法中一些模糊和不合逻辑的问题，但他对宗教的维护可能会更加不遗余力。

其他数学家也批判过微积分的不足，说微积分缺乏必要的逻辑基础。他们认为，微积分是巧妙的谬论的汇集。所以，在微积分创立之初，由于自身的不完善，曾遭遇过众多不信任的目光。

18 世纪的数学思想的确是不严密的。为了直观的和形式上的计算而忽略了思想的牢靠性，主要表现在模糊的无穷小概念导致了导数、微分和积分等概念的不清晰，还有与无穷小概念相对应的无穷大概念，还有发散级数求和的任意性等。

符号的不严格使用，不考虑连续性就进行微分，不考虑导数及积分的存在，以及不考虑函数是否能展开成幂级数等都是不可忽略的问题。

直到 19 世纪 20 年代，数学家才比较关注微积分的严格基础。从波尔查诺、阿贝尔、柯西、狄里赫利等人的工作开始，到威尔斯特拉斯、狄德金和康托的工作结束，经历了半个多世纪，基本上解决了这些问题，为数学分析奠定了一个严格的基础。

波尔查诺给出了连续性的正确定义。阿贝尔指出，要严格限制滥用级数展开及求和。1821 年，柯西在《代数分析教程》中从定义变量出发，认识到函数不一定要有解析表达式，他抓住极限的概念，指出无穷小量和无穷大量都不是固定的量而是变量，无穷小量是以零为极限的变量，并且定义了导数和积分。狄里赫利给出了函数的现代定义。

在以上工作的基础上，威尔斯特拉斯消除了其中不确切的地方，给出了现在通用的极限定义、连续定义，并把导数、积分严格建立在极限的基础上。

19 世纪 70 年代初，威尔斯特拉斯、狄德金、康托等人独立地建立了实数理论，在实数理论的基础上，又构建了极限论的基本定理，从而使数学分析建立在实数理论的严格基础之上。

三、第三次数学危机——罗素悖论

罗素悖论与数学有关，而且与数学的第三次危机有关。罗素悖论曾经以多种形式通俗化，其中最著名的是罗素在 1919 年给出的版本，它讲的是某乡村理发师的困境。

有一天，理发师宣布了一条原则：他只给不自己刮胡子的人刮胡子。人们很快就意识到了这一原则的悖论性质："理发师是否可以给自己刮胡子？"如果他给自己刮胡子，那么他就不符合他的原则；如果他不给自己刮胡子，那么他按原则就该为自己刮胡子了。

在我们听来，这好像是一个笑话，但这是一个真正的悖论。而且，罗素悖论动摇了整个数学大厦。好了，不再往下讲了。如果读者对后续的内容感兴趣，可以去阅读有关专著。

第十八章

不是结尾

有人说，数学是自然科学的皇后，也有人说，数学是自然科学的公仆。笔者认为，这两句话都对，但要做进一步的引申。

从纯粹数学的角度看，数学是自然科学的皇后，而从应用数学的角度看，数学就是自然科学的公仆，也是一切工程技术的公仆。前者诱导思维发散，严谨逻辑体系，提升智力水平；后者使工程技术成为国家繁荣和社会进步的重要支撑，增进人类福祉。

一、数学繁荣的力量

文艺复兴时期，机械的广泛使用、航海事业的扩展及中国四大发明的传播等，推动了欧洲自然科学的迅速发展。这时期，亚平宁半岛的代数学成了欧洲数学的新宠。

17 世纪的欧洲，生产的发展对力学研究和技术革新提出了更高的要求。在数学方面，对运动的研究促成了变量观念和函数概念的产生，而且成了数学研究的主要对象。这为解析几何、微积分等数学分支的产生奠定了基础。

1705 年，英国物理学家纽可门制成了第一台实用的蒸汽机。1776 年，瓦特制成了近代蒸汽机。由此引发了欧洲的工业革命，工业革命不仅大大提高了人类的社会生产力，也促进了 18～19 世纪数学的大繁荣。

1825 年，英国人史蒂文森设计制造的"运动一号"蒸汽机车在斯托克顿至达林顿之间开始营业。蒸汽机车因构造简单、造价低廉、安全可靠而被迅速推广，并开始了持续 100 多年垄断铁路牵引动力的黄金时代。所以，蒸汽机车是 19 世纪工业革命的象征。

随着社会现代化发展进程的加快，电气机车、内燃机车迅速取代了能耗大、污染大、牵引力小的蒸汽机车。到 20 世纪末，蒸汽机车几乎不见了踪迹。一个时代就这样结束了。

数学在工程理论和生产实践中的应用证明了它的重要性。人们越来越懂得，数学理论是基石，又是解决问题的最好工具，自然界的客观规律都是这么被揭示出来的。这也是为什么在近代，数学迅速取得辉煌成就的原因。

上面是从社会发展的角度看问题。有时候，个人爱好对推动数学繁荣也功不可没。

讲一个数学家帕斯卡的小故事。据说 14 岁时，帕斯卡就已经出席了法国高级数学家的聚会。18 岁时，他发明了一台计算机，那是人类社会的第一台计算机，是现在计算机的始祖。仅这一项成就，帕斯卡的名字就可被载入科学史册。

尽管如此，成年之后的帕斯卡却致力于神学。他认为，上帝对他的安排中不包含数学，所以他放弃数学研究，顺从了上帝的旨意。在神学的圈子里绕了一大圈后，帕斯卡开始有些心烦。

有一天，帕斯卡牙疼，俗话说，牙疼不是病，疼来真要命。疼痛难忍之际，帕斯卡不得不思考一点儿数学问题来打发时间，不知不觉间，竟然疼痛全无。于是，帕斯卡又认为，这是上帝的安排，这才又继续钻研数学并做出很大贡献。

二、数学追求严谨

这里讲一个真实的故事。1962 年，美国将太空飞船"航行者一号"发射升空，目的地是金星。根据预测，飞船起飞 44 分钟后，9800 个太阳能装置会自动开始工作；8 天后，电脑完成对航行的矫正工作；10 天后，飞船就可以环绕金星航行，开始拍照。可是，发射升空后，却发生了出人意料的悲惨结果，飞船起飞不到 4 分钟，就一头栽进大西洋里。

美国国家航空航天局仔细查找原因。经过详细调查，发现当初在把资料往电脑里输入时，有一个数据前面的负号给漏掉了，结果可想而知，本来是负数，现在却变成了正数，以致影响了整个运算结果，使飞船发射失败。一个小小的负号，竟使得美国国家航空航天局白白浪费了 1000 万美元，以及大量的人力和时间。

还有另外一个故事。从前，医生常推荐儿童和康复的病人多吃菠

数学繁荣的力量

菜，说它含有大量的铁质，有养血、补血的功能。有一年，德国化学家劳尔赫在研究化肥对蔬菜的有害作用时，无意中发现，菠菜的实际含铁量并不像书上说的那么高，只有所宣传数据的十分之一！劳尔赫感到很诧异，他怀疑是不是他所实验的那种菠菜特殊，于是便进一步对多种菠菜叶子反复进行分析化验，但从未发现哪种菠菜的含铁量比别的蔬菜特别高。他放下了手头的工作，专门查找有关菠菜含铁这么高的"神话"最先出自哪里。后来，答案终于找到了。原来是 90 多年前，印刷厂在排版时，把菠菜含铁量的小数点向右移了一位，从而使这个数据扩大了 10 倍。

"在数学中，最微小的误差也不能忽略。"这句话是牛顿说的。还是我们的祖先说得深刻："差之毫厘，谬以千里。"所以，我们在学习数学的时候，除了理解理论和掌握知识，还要学会培养严谨、细心和一丝不苟的精神。

在古代社会，那些熟知数学运算规律的人就是哲人，甚至还是圣人。当我们想起商高向周王讲述勾三股四弦五的故事时，我们为他们的聪明而惊讶；当我们远眺毕达哥拉斯用数学描绘的那个宇宙时，我们会萌生出雄心壮志；当我们用心体会欧几里得的《几何原本》中的定理和证明时，我们会不断培养严谨的科学精神。

三、数学重在表达

数学的说理性很强，如果只用语言文字来描述，就会很麻烦，写的人很累，读的人更累，那真是要多累赘有多累赘，要多麻烦有多麻烦。不仅累赘和麻烦，还经常会出现思维受阻、思路中断的现象。

很早以前，由于缺少必要的数学符号，提出一个数学问题和解决这个问题的过程，只能用语言文字叙述，解一道数学题像在做一篇短文，难怪有人要用"文章数学"来形容。表达的不方便严重阻碍了数学的发展。

为了简化叙述，创建一套数学符号就非常重要，也日益迫切。自古至今，数学家们创造了大量数学符号，使叙述得到简化、思路得到顺畅、问题得到解决。数学家欧拉和莱布尼茨就是符号大师。

当数量、图形之间的关系能够用适当的数学符号表达后，人们就可以在这个基础上，根据自己的需要，深入进行推理和计算，因而能更迅速地得到问题的解答或发现新的规律。有了数学符号，我们就可以用更短的时间驾驭数学，表达深思熟虑的数学思想了。

最先出现的是代数符号。最早使用数学符号的是公元3世纪的古希腊数学家丢番图。后来，随着科学和技术的迅速发展，作为科学公仆的数学迫切需要改进表述方式，这导致现代数学符号体系的形成。

许多数学符号都很形象，一看就明白它的含意。如第一个使用现代符号"＝"的数学家雷科德就说过这样的话："在表示相等的意思方面，再也没有别的符号比它更适合了。""＝"是雷科德的巧妙构思，很快就得到了数学界的认同，所以，我们今天才有幸使用这一符号。

几何学诞生之初，也没有几个像样的符号。文字描述太多，就会影响人们的阅读进程，也会影响人们对问题的理解。后来，几何学家逐渐创造了很多几何符号。最终一门灿烂而又美丽的图形科学就诞生了。

它是全世界通用的图形语言。在几何学中，图形语言非常重要。因为图形也像文字那样具有记录作用，而且比文字更加形象，能帮助人们探索解题途径，引领思维路线，达到最终目的。

如符号"∥"表示两条直线平行，它是多么的简单而又形象，它带给人们抽象、准确而又丰富的想象，在同一个平面内的两条线段各自向两个方向无限延长，它们永不相交，揭示了两条直线平行的本质。

数学符号有两个基本功能。一是准确、简洁地告诉人们，它表达的是个什么概念；二是书写简便。首先自觉地引入符号体系的是法国数学家韦达。接着，笛卡儿构思了现代数学符号体系，就是我们现在使用的这种符号体系。而在符号的正规化方面做出了很大贡献的是数学家欧拉。

在前沿数学理论中，汉字是不多的，我们看到的是由很多符号构

数学符号

建的真正的数学语言，所以人们往往会产生一种错觉，会错误地认为数学是一门难懂而又神秘的科学。其实不是这样。

当然，如果你不了解数学符号的含意，你就看不懂那些天书般的符号组合在一起是什么意思，走进数学的希望就会落空。这是进入数学迷宫的第一道大门。进门之后，你才能感觉数学符号给数学理论的表达和逻辑推理带来的便捷。尽管人类的文字千奇百怪，数学符号却都一样，它无疑是一种通用的世界语言。学好这门语言至关重要。

标准数学符号的形成绝非一日之功，它有一个发展和完善的过程。很多最终被大家公认的数学符号往往经历了严格的筛选过程，其中的一些被淘汰，能保留至今的都具有顽强的生存能力，适者生存嘛。本质原因是它们经典、简洁、表达意思不含糊。你想啊，如果那些符号都含糊不清，阅读这样的数学理论，不是叫人猜谜语吗？

著名物理学家爱因斯坦在他的遗稿里使用了不少新的符号，就因为他没告诉人们这些符号是什么意思，造成阅读的困难，不知道老人家说了些什么，也难以判断那些遗稿的价值几何。

四、数学的价值

有一种说法，数学是科学的公仆，这是很有道理的。除了极个别的情况，数学不直接为生产实践服务。它首先渗透在其他科学中，才能转化为一种力量，推动技术的发展和社会的进步。这是一种普遍情况，从中体现了数学的重要价值。

费马大定理虽然神奇，却不一定有用。哥德巴赫猜想可能具有同样的性质。有时候，数学家做的事情的确是这个样子，一种纯粹智力的游戏和追求纯粹精神的快感。就连剑桥大学的著名数学家哈代也说过这样的话："从实用的观点来判断，我的数学生涯的价值等于零。"哈代当然是在开玩笑，不过从中可以体会纯粹数学和应用数学的侧重和价值。

参 考 文 献

艾萨克·牛顿.2011.自然哲学的数学原理.曾琼瑶,等译.南京:江苏人民出版社.

贝尔纳.1959.历史上的科学.伍况甫,等译.北京:科学出版社.

戴维·林德伯格.2001.西方科学的起源.王珺,刘晓峰,周文峰,等译.北京:中国对外翻译
　　出版公司.

丹皮尔 WC.1975.科学史及其与哲学和宗教的关系.李珩译.北京:商务印书馆.

杜石然.1982.中国科学技术史稿(上、下册).北京:科学出版社.

关增建,马芳.1996.中国古代科学技术史纲·理化卷.沈阳:辽宁教育出版社.

郭书春.2010.中国科学技术史:数学卷.北京:科学出版社.

郭园园.2017.阿尔·卡西代数学研究.上海:上海交通大学出版社.

江晓原.2015.周髀算经(新论·译注).上海:上海交通大学出版社.

杰克逊.2014.数学之旅.顾学军译.北京:人民邮电出版社.

卡兹.2008.数学史通论.李文林,王丽霞译.北京:高等教育出版社.

柯朗 R,罗宾 H.2012.什么是数学:对思想和方法的基本研究.左平,张饴慈译.上海:复旦
　　大学出版社.

库恩 TS.1980.科学革命的结构.李宝恒,纪树立译.上海:上海科学技术出版社.

李申.2002.中国古代哲学和自然科学.上海:上海人民出版社.

李俨.1961.中国古代数学史话.北京:中华书局.

林成滔.2005.科学简史.北京:中国友谊出版公司.

罗素.1963.西方哲学史(上、下册).何兆武,李约瑟译.北京:商务印书馆.

马克思.1978.机器、自然力和科学的应用.中国科学院自然科学史研究所译.北京:人民出
　　版社.

莫里斯·克莱因.2013.古今数学思想.张理京,张锦炎,江泽涵,等译.上海:上海科学技术
　　出版社.

欧几里得.2011.几何原本.兰纪正,朱恩宽译.南京:译林出版社.

潘永祥.1984.自然科学发展简史.北京:北京大学出版社.

申漳.1981.简明科学技术史话.北京：中国青年出版社.

斯蒂芬·F.梅森.1980.自然科学史.周煦良，等译.上海：上海译文出版社.

斯科特.2010.数学史.侯德润，张兰译.北京：中国人民大学出版社.

汤浅光朝.1984.解说科学文化史年表.张利华译.北京：科学普及出版社.

维克多·J·卡兹.2016.东方数学选粹：埃及、美索不达米亚、中国、印度与伊斯兰.纪志刚，
郭园园，吕鹏，等译.上海：上海交通大学出版社.

吴国盛.1996.科学的历程（上、下册）.长沙：湖南科学技术出版社.

亚·沃尔夫.1995.十八世纪科学技术史和哲学史.北京：商务印书馆.

曾少潜.1983.世界著名科学家简介.北京：科学技术文献出版社.

张苍.2011.九章算术.南京：江苏人民出版社.

赵云.2009.西方自然哲学与近代数学的起源.兰州：甘肃文化出版社.

中国科学院自然科学史研究室.1963.中国古代科学家.北京：科学出版社.

中国科学院自然科学史研究所.1978.中国古代科技成就.北京：中国青年出版社.

中国科学院自然科学史研究所近现代科学史研究室.1982.科学技术的发展.北京：科学普及
出版社.

朱家生.1999.数学的起源与方法.南京：东南大学出版社.

朱世杰.2007.四元玉鉴校证.李兆华校.北京：科学出版社.

《自然科学大事年表》编写组.1975.自然科学大事年表.上海：上海人民出版社.

后　记

　　本套丛书的写作花费了近三年时间，但与此有关的积累和准备工作远超过十年。对文学的爱好和对科学的执着使我找到了一个好的契合点，那就是尽可能用文学的语言讲述科学发展的历程及著名科学家的故事。工作之余，我的几乎所有业余时间的写作都与科学和文化有关。

　　此时此刻正是北方的春天，窗外渐浓的绿色和灿烂阳光似乎传递着自然的某种气息和对生命的某种祈盼。我首先要感谢科学出版社科学人文分社的侯俊琳社长，没有他的发现和耐心细致的督促，就不会有系统的"科学的故事丛书"的出现。

　　2015 年春天，当俊琳社长与我讨论关于丛书的策划和内容时，我深深感到一位出版人的远见和博大胸怀。这是一件非常有意义、也很有吸引力的工作。我认为，我们的一切发展都必须以脚下的历史为根基。只有在传承科学积淀和历史文化的基础上，我们才能将人类的科学文化发扬光大，并进一步开创美好的未来。以往，在自然哲学和自然科学方面，我们忽视了对历史的关注，本套丛书的出版就是为了弥补这方面的不足。

　　书中配了适量有趣的漫画插图，线条流畅、幽默风趣，与文字配合默契，使所叙述的故事更加生动、直观和亲切，使读者平添一种身临其境的感觉。本套丛书面向的是那些具有中学以上文化程度的读者，他们对数学、物理学、化学、生物学、天文学、地理学和自然的基础知识有一定了解和理解，同时渴望知道科学的起源，渴望走近源头汩汩不息的溪流。

　　感谢所有为本套丛书的出版付出心血的人，感谢科学出版社相关领域的专家和审稿人为丛书的面世所做的大量工作，作者从中受益良多。特别感谢本书的责任编辑朱萍萍、张莉、田慧莹、程凤、张翠霞、刘巧巧等老师，他们本着精益求精的原则，对书稿的质量进行了严格把关，在审读、加工和校对的各个环节都表现出了高度的专业精神和责任感。感谢中国科学院自然科学史研究所张柏春所长和关晓武研究员的关心和支持，感谢潘云唐、郭园园、刘金岩、樊小龙、徐丁丁、崔衢、李亮、鲍宁等专家对丛书的仔细审阅和提出的建设性意见。

　　在此想说明的是，在篇幅有限的作品中，我特别注意文字的可读性、知识的教谕作用和思想的启蒙价值。可以说，书中的每一个单元都是一篇科学散文，我的初衷就是走进历史深处、挖掘科学文化。书中也表达了我在科学教育、科学研究及阅读、写作过程中产生的一些想法和观点，错误和不当之处在所难免，希望富有见解的读者和学者批评指正。

杨天林

2018 年 3 月